Alibaba Group 阿里巴巴集团 | 技术丛书

尽在双11

阿里巴巴技术演进与超越

阿里巴巴集团双11技术团队　著

U0298918

电子工业出版社
Publishing House of Electronics Industry
北京·BEIJING

内 容 简 介

"双11"，诞生于杭州，成长于阿里，风行于互联网，成就于新经济，贡献于全世界。

从 2009 年淘宝商城起，双11 已历经八年。每年的双11 既是当年的结束，又是走向未来的起点。技术的突破创新，商业模式的更替交互，推动着双11 迈步向前。

本书是迄今唯一由阿里巴巴集团官方出品、全面阐述双11 八年以来在技术和商业上演进和创新历程的书籍。内容涵盖在双11 背景下阿里技术架构八年来的演进，如何确保稳定性这条双11 生命线的安全和可靠，技术和商业交织发展的历程，无线和互动的持续创新与突破，以及对商家的赋能和生态的促进与繁荣。

本书主要面向广大互联网技术和商业从业者，内容包括基础设施、云计算、大数据、AR/VR、人工智能、物联网等技术领域的剖析，以及在电商、金融、客服、物流等商业层面的洞察；同时，本书也可以作为了解科技与商业最新发展的一个窗口，供科研人员和高校在校师生参考。

本书也包含丰富的双11 发展历程中的故事性片段，生动有趣，可读性强，读者可以在由衷感叹双11 背后艰辛的演进历程之余，更为透彻地体会到阿里人在技术和商业创新上坚韧不拔、矢志不渝的精神。

图书在版编目（CIP）数据

尽在双11：阿里巴巴技术演进与超越 / 阿里巴巴集团双11技术团队著. —北京：电子工业出版社，2017.4

（阿里巴巴集团技术丛书）

ISBN 978-7-121-30917-5

Ⅰ.①尽… Ⅱ.①阿… Ⅲ.①电子商务—计算机网络 Ⅳ.①TP393

中国版本图书馆CIP数据核字（2017）第024527号

责任编辑：董　英
印　　刷：北京盛通印刷股份有限公司
装　　订：北京盛通印刷股份有限公司
出版发行：电子工业出版社
　　　　　北京市海淀区万寿路173信箱　　　　邮编：100036
开　　本：720×1000　1/16　　印张：15　　　字数：320千字
版　　次：2017年4月第1版
印　　次：2017年4月第2次印刷
册　　数：6001~21000册　　　定价：79.00元

凡所购买电子工业出版社图书有缺损问题，请向购买书店调换。若书店售缺，请与本社发行部联系，联系及邮购电话：(010) 88254888，88258888。

质量投诉请发邮件至zlts@phei.com.cn，盗版侵权举报请发邮件至dbqq@phei.com.cn。

本书咨询联系方式：010-51260888-819，faq@phei.com.cn。

编 委 会

目录

第1章

阿里技术架构演进　　/ 1

双11是阿里技术发展的强大驱动力，双11业务的快速发展造就了阿里具备高度水平伸缩能力、低成本的电商架构体系。这个架构体系是如何一步一步形成的呢？在形成过程中阿里遇到了哪些问题，做了哪些尝试，最终用什么样的思路、方法和技术解决了问题？

第2章

稳定，双11的生命线 　/43

双11最大的困难在于零点峰值的稳定性保障。面对这种世界级的场景、独一无二的挑战，阿里建设了大量高可用技术产品，形成了全链路一体化的解决方案，用更加逼真和自动化的方式，去评估、优化和保护整个技术链条，最大化地为用户提供稳定可靠的服务。

第3章

技术拓展商业边界　/89

双11业务驱动技术发展的同时，技术的创新与发展也不断推动着商业模式的升级与变革，实践着技术拓展商业的边界。

第4章

移动端的技术创新之路　　/ 133

从2010年开始，国内爆发了从PC向移动端技术和业务的持续迁移，移动深刻地改变着人们的衣食住行和人际交往。阿里的双11始于2009年，正好经历了移动互联网崛起的全程，双11在移动端的主要创新有哪些呢？

第5章

繁荣生态，赋能商家　　/ 171

双11从阿里内部员工的一个点子到全球购物狂欢节，其背后支撑是服务、物流、大数据、云计算、金融服务等，是商家自身业务结构的调整、消费者消费习惯的转变、第三方开发者的大量入驻，以及整个生态的变迁。

序一

2016年"天猫双11全球狂欢节"又攀上了新的高峰——单日交易额定格在1207亿元。数字背后更重要的是，在五年、十年以后回过头来看2016年的双11，这是整个社会走向"新零售、新制造、新金融、新技术、新资源"的起点。

正是阿里巴巴集团坚强的技术后盾，支撑起了全球范围内都难得一见的庞大且复杂的交易体系和交易规模。在2016年双11当中，阿里巴巴的技术团队又创造出非常惊人的纪录——每秒同时创建17.5万笔订单以及1秒钟同时完成12万笔支付。正是八年双11的锻炼，使得阿里巴巴集团沉淀出了这样的技术能力。

展望未来，云计算、大数据将成为未来社会的新引擎和新能源。我们坚信数据将在商业变革中发挥重要的作用，整个商业变革一定会跟互联网、跟技术去完美拥抱。我们坚信这样的变革最终会产生化学反应，产生全新的结合和全新的价值。而这样的价值的创造，毫无疑问会让社会商业出现很多新的模式、新的业态。阿里巴巴集团希望通过各种方式，赋能给合作伙伴和客户，并输出成为商业社会的基础设施，让整个商业社会的变革更加高效、顺畅。

《尽在双11——阿里巴巴技术演进与超越》以双11为着眼点，从技术的角度，展示了阿里巴巴的演进、变革与发展，系统地阐述了阿里巴巴重要阶段的技术进步历程。进无止境，我们希望将我们的经验分享给更多人，并希望与大家一起共同探索未来。

张勇

阿里巴巴集团CEO

序二

双11诞生的2009年，恰逢中国互联网第三次浪潮元年。大数据、云计算、无线在这个时期逐渐成为主流技术。在双11八年的发展历程中，阿里人从互联网发展的大潮中汲取了丰富的技术能量。

作为双11这个阿里巴巴最大的集团级项目的技术负责人，这八年里，如何在技术上持续创新、调动和提升工程师的工作效能、激发战斗意志和创造力是巨大的挑战。从技术管理的角度上，我分享三点，与大家共勉。

第一，既要有梦想，又要有实力。如果没有对梦想的坚持，以及对实现梦想的不懈努力，今天双11很可能与一般的线上大促没有什么区别，更不会成为中国乃至全世界普遍关注的社会现象。阿里巴巴是一家使命驱动的公司，双11是阿里人自主创新、追逐让天下没有难做的生意的梦想的具体体现。同时，实现这个梦想需要有强大的技术实力作为基础。以计算为例，双11有大量的计算，一切关于搜索、推荐、人工智能的"梦想"都需要计算平台的强力支撑，阿里巴巴如果不打破传统Hadoop框架的藩篱，自研非常高效的离线和实时计算平台，用户在交易的过程中就不可能有"丝滑般的顺畅感受"。

第二，鼓励技术创新。没有阿里人在技术拓展商业边界上持续的突破，就没有双11持续的成功。双11当天交易峰值较平时增长400倍，平日运转良好的系统面对突发的业务流量，所有的问题都会被重新定义。全链路一体化方案通过逼真化模拟实际大促时的流量特点，以自动化的方式评估、优化和保护整个交易链条，确保了双11的稳定性。全链路方案是阿里工程师的创造，无论在国内还是国外，都是前所未有的。类似于全链路压测这样的技术创新在双11中还有很多。

第三，协同的重要性。业务发展到一定阶段都会遇到"飞机在全速飞行的前提下换引擎"的问题，是在现有框架下对两个业务分别改造，还是推倒现有模式建立一个技术共享的新模式？这不仅是对架构能力的挑战，更是对团队的协同作战能力的考验。五彩石项目就是一个生动的例子。作为该项目的负责人，我亲历了将淘宝网和淘宝商城（后更名天猫商城）两个系统，在会员、商品、交易、店铺、优惠积分等数据层面打通的全过程。五彩石项目是一次协同角度上的伟大的技术变革，提出了"共享服务化"的理念，为包括双11在内的几乎所有阿里业务所采纳，并与分布式中间件架构一起成为互联网电商业务事实上的标准。

我推荐《尽在双11——阿里巴巴技术演进与超越》这本书，它是迄今为止对双11技术演进最客观、最详实的还原。无论是互联网工程师，还是商业领域的从业者，以及工程或商业专业的在读学生，都可以从书中找到自己感兴趣的内容。

最后，在阅读这本书的过程中，那些年、那些人、那些事儿重新回到眼前。谢谢所有参与《尽在双11——阿里巴巴技术演进与超越》撰写的同学们，你们用另一种方式又走过了一遍双11。

阿里巴巴集团CTO

双11大事年表

时间	2008年	2009年	2010年	2011年	2012年	2013年	2014年	2015年	2016年
成交额（亿）		5.9	19.4	53.1	191	362	571	912	1207
双11大事	·淘宝商城成立	·五彩石项目发布 ·秒杀系统上线 ·淘宝开放平台上线 ·淘宝机器人上线 ·中间件大规模使用，开启分布式时代	·系统保护的限流框架1.0发布 ·容量规划平台上线	·CSP压测系统上线 ·Dubbo对外开源 ·单机房优先 ·招商、价格、管控、申报、会场、商品、赛马和优惠等多个系统推出 ·OceanBase第一次服务双11	·强弱依赖系统上线 ·赛马机制将优胜劣汰引入双11 ·淘宝商城正式宣布更名为"天猫" ·商品价格设置系统上线 ·聚石塔电商云诞生	·全链路压测正式上线 ·RocketMQ对外开源 ·All-in无线战略发布 ·个性化推荐引入双11 ·启动天猫共链系统布局	·异地双活测试成功 ·部分系统上云 ·预案平台上线 ·系统保护的限流框架2.0上线 ·应用容量弹性伸缩上线 ·菜鸟电子面单发布 ·生意参谋1.0上线 ·OceanBase金融数据库服务双11 ·发布客户端容器化架构	·异地多活经过双11验证 ·混合云架构经过双11验证 ·"天猫2015双11狂欢夜"推出互动玩法 ·大促自动化备战成立项 ·双11后八花呗上线 ·阿里小蜜上线 ·Weex第一次在双11主会场中应用动态化方案	·三地五单元，三个云机房 ·流量调度上线 ·运维体系Docker化 ·全链路功能启用 ·第一次线上故障演练 ·Mobile Buy+发布，推出VR购物体验 ·寻找"狂欢猫"上线 ·生意参谋2.0上线 ·店小蜜上线 ·向Apache基金会捐赠开源项目RocketMQ

引言

▼执笔人
霜波：天猫技术质量部总监，连续五年双11测试负责人。

不知不觉中双11已经走过了八年，从刚开始的全新概念，到现在的举世关注，有偶然也有幸运的成分，但是细细数下来，每一步，每一刻，都是好多人殚精竭虑、费尽心思的结果。对技术而言，每一年的双11都是一场严峻的考验，从被流量冲击得溃不成军，被迫奋起抗击，到现在通过技术的力量不断改写双11的用户体验和参与感，阿里的技术伴随着双11成长起来，强壮起来，自信起来。

从组织上来说，双11从第一年的突发奇想，野生无序，逐渐发展下来，已经成为一场整个阿里及其生态联动的战役，双11已经不仅仅是天猫的双11，也不仅仅是阿里所有事业单位的双11，而是整个互联网生态的双11。

2009年我们技术部门只有几个人临时安排值班，高峰每秒只有400个请求，到2016年阿里有23个事业单位、几千位技术人员一起加入了双11的备战。杭州西溪园区1号楼的7楼、6楼和5楼都成为了双11的集中作战室，实现了每秒处理17万条请求的技术奇迹。为双11做出艰苦备战的还有商家、银行、物流公司，他们和我们一起迎接流量高峰的挑战，一起为了互联网更加完善的用户体验不断努力和前进。

面对新的挑战，我们从不敢放下的是对用户的敬畏和感激之心，借由

本书，借由双11的历史，将阿里这些年在大流量管控上所做的技术创新共享给关注我们的朋友，并答谢所有双11的贡献者、参与者、传播者、提及者和知晓者。

2009年：双11诞生效果惊人

1
淘宝商城：
2008年4月成
立，是一个高
品质商品的综
合性购物网
站。2012年1
月11日上午，
淘宝商城正式
宣布更名为
"天猫"。

2
逍遥子：现任
阿里巴巴集团
首席执行官，
同时是阿里巴
巴集团董事局
董事。2008年
逍遥子是淘宝
网首席运营官
兼淘宝商城总
经理。

3
四虎：2007年
加入阿里，参
加第一届双11
的开发，连
续参与双11八
年，现在是聚
划算技术负责
人。

2009年是淘宝商城[1]成立的第二年，这一年的秋天，运营部门想搞一场营销活动，逍遥子[2]喜欢四个一，而11.11又是网民创造的"光棍节"，所以就选择了这一天。谁也没有想到，这样一个带着点随意的选择，竟然在若干年后成为影响中国乃至全球的大事件，造就了电商行业最具影响力的品牌——双11。

第一届双11的活动口号是全场五折，拉了几十个商户参加，未曾想效果惊人，淘宝商城的成交额是平时的10倍。幸运的是，在2009年年初，五彩石项目将淘宝网和淘宝商城的系统底层架构统一了。虽然淘宝商城的成交额增加10倍，但由于基数还比较小，这个成交额和淘宝网的日常成交额比起来并不大，因此系统上虽然出现一些小问题，但是没有产生特别大的影响。

尽管如此，暴增的流量还是让工程师们措手不及。采访当年第一届双11的工程师四虎[3]时，他回忆说："第一年双11，作为交易系统的owner（所有者），接到老板指示，光棍节要搞个活动，你值一下班。那年我们啥都没做，就坐在那看服务器的情况。零点一到，发现服务器流量暴增，一下子部分应用的服务器就挂了。我们就手忙脚乱地去重启服务器，恢复系统。应用系统起来后，发现店铺和商品图片又出不来了。第一次双11，可以说完全是意料之外，没有做任何准备的，不仅把我们的交易和商品系统压挂了，同时还把很多商家的外部图片空间也给压挂了。服务器容量、网络带宽容量、系统保护都是没有的。"

2010年：搜索降级渡难关

吸取了上一年的经验，2010年双11之前，技术部门专门成立了大促小分队，队员包括各个核心系统的开发人员和技术保障部软硬件维护人员，当时还成立了大促指挥团，由振飞[1]、周明[2]、范禹[3]统一负责大促技术方案的相关决策。

负责保障稳定性的人员在指定地点集中办公。那一年，高峰不在零点，而是出现在第二天白天，早上10点左右，CDN的容量很快达到上限，图片展示越来越慢，眼看就要出不来了。大家紧张起来，激烈地讨论还有什么办法。有人提出搜索的图片展示占了很大的容量，可以将搜索的大图降级为小图。然后给搜索的负责人打电话，通知他："对不起了，我们要对搜索的图片降级了，双11结束就给你们恢复过来。"这一招帮助当年的双11渡过了容量的最大风险。之后，每一年的搜索大图降级为小图都成了双11的必备降级方法之一，尽管后面再也没有启用过。同时，每一年双11之前CDN都会开一个大会，让所有业务评估自己双11当天的CDN使用量，提前两个月就开始做扩容的准备。"所有的苦难都是用来帮助我们成长的"，这句话用在双11上特别合适。

四虎回忆第二年的情景："第二年，我们开始有了心理准备，预计流量是平时的3~5倍，但是实际流量远远超出我们的想象，达到了平时流量的十几倍。不过基于前一年的经验，这一年我们做了很多工作，分布式系统的防雪崩、核心系统的自治，这些技术改进让我们的系统比上一年好了很多，虽然零点高峰时还是出现了大量的购买失败，但是服务器没有大面积宕机，流量下降后能够继续良好地服务。"

2011年：匆忙中解决突发事件

2011年淘宝商城成为独立的事业部。双11对于刚刚成立的淘宝商城技术部而言，已经是一件相当重要的大事，各团队提早几个月就开始准备，并且上线了第一期的价格申报系统（第一期专注于解决天猫营销活动期间商家报名和活动商品价格确定的问题，后面成为整个活动期间价格管控检查、监控和清退的工具），完成了双11商家商品报名的工作，一切似乎都很顺利，可是……

11月10日晚上23点，有人反馈设置的优惠价格写错了，3折的商品写成了0.3折。

23点32分确定砍掉折扣0.5%以下的商品，然后需要推送到整个商品库。执行到一半的时候，越来越多的人反馈商家把优惠理解错了，担心影响太大，决定砍掉1.1%以下的商品，但是由于之前的操作已经执行，所以先要回滚，然后全部推送。

1
振飞：现任阿里首席风险官。2010年任技术保障部副总裁。

2
周明：现任基础架构事业群资深总监。2010年任技术保障部总监。

3
范禹：现任天猫事业部技术部资深总监和研究员。

23点45分，开始回滚。

23点55分，回滚完成，开始重新推送。

11日零点10分，所有推送完成，同时开始收到大部分商品属性丢失的问题反馈。属性丢失意味着买的衣服没有颜色，意味着买的鞋子没有尺寸，当时用户由于很多商品都已经在购物车中准备良久，所以并不仔细观察就下了单，可是商家却没有办法发货。这是一个非常严重的系统bug（漏洞）。当时唯一能做的事情就是通知所有有问题的商家下架商品，等待系统修复。

11日凌晨1点，定位到错误代码是回滚程序的bug，我们决定发布新的系统解决问题。

11日早上5点，系统bug修复，通知商家重新上架商品。

时隔5年，回忆起那一晚，依然心有余悸。外界往往认为双11那一晚是精心准备的，技术是游刃有余的，可是每一年，我们都在匆忙中解决各种突发事件。实际上真正痛苦的远远不止技术人员，还有那些被影响的商家。

在2012年6月举行的双11商家沟通会议上，我们问商家："对双11最大的期望是什么？"反馈最多的期望就是："系统稳定。"一个商家站起来说："去年双11的0点我们被通知下架所有商品，当时团队10多个人，从0点到早上6点，没有一个人敢离开。我们借了款，备了平时10倍的货，如果这个双11卖不掉，我们回到家，对家人唯一能说的可能就是'对不起，我破产了'，或者'对不起，我失业了。'"

那个晚上，很多人无眠。

痛定思痛，我们在接下来的一年做了大量的稳定性相关工作：

- 我们上线了新的招商、价格管控、商品申报和优惠系统。这套系统覆盖了天猫营销活动期间从商家报名，到价格确定性保护和消费者在活动期间享受到的优惠的全套业务，确保活动期间消费者的体验。

- 我们做了CSP容量规划平台。完成了从人工容量规划到系统化容量规划的过渡。

- 我们开发了系统限流sysguard自我保护系统。这是根据机器本身的load（负荷）值进行流量自动分配和拒绝的自我保护系统。

- 我们在2012年准备了接近3000个降级开关，做了4次大规模功能演习，确定了双11当天的指挥和决策流程。

我们以为2012年我们能做到万无一失。

2012年：系统超卖了

这一年双11项目5月份就启动了，当天晚上整个集团的核心技术几乎全部投入了双11，我们准备了一个很大的房间，每个核心人员做好各种预案手册，当天晚上全神贯注就等着零点的到来。可是，那个零点流量来得比以往更猛一些。

零点的时候，系统显示交易成功率不到50%，各种系统报错，立刻下单报错，购物车支付报错，支付系统报错，购物车的东西丢失。系统排查的大部分指向都是一个错误——获取不到商品信息了。再进去看，商品中心系统的网卡被打满了，无法再响应请求。情况紧急，商品中心开启了事先准备的几乎所有降级方案，但效果并不明显。大约在1点左右，系统流量峰值慢慢缓和，我们的系统成功率才重新恢复到90%以上。另一个发生问题的是支付宝的健康检查系统。和所有系统的自我保护系统一样，这个健康检查系统会定时扫描线上机器，根据机器应答返回时间判断是否正常，将超时严重的机器从应用列表中剔除。只是在双11的流量之下，几乎所有机器都发生了响应过慢的情况，然后大部分机器都被剔除了出去。发现问题之后，我们快速下线了这个系统，支付成功率才重新回到了正常值。在1点之后，看到系统各项指标都恢复了，我们的心情稍稍轻松了一些。但是到了白天，新的问题又来了。

白天的时候，各种商家来电反馈一个严重的问题：系统超卖[1]了。我们理应给商家一个正确实际的库存，可是由于零点的各种异常、降级和超时，导致库存的状态出现了问题。由于数据过于凌乱，系统已经无法当场完成纠正，除了通知商家自己检查库存，尽快下架商品之外，我们无能为力。那年的双11，很多商家由于我们的超卖不得不紧急重新采购、加工、补货。那年的双11，应该有不少用户等了很久才能收到购买的商品。

在之后的双11技术复盘会上，所有技术人员达成了一个共识，我们一定要有一套系统能够最真实地模拟双11当天的流量，能够及时发现大压力下线上系统的所有问题和风险，保障真实场景下的用户体验。所以2013

[1] 超卖：本来应该卖完下架的商品，在前台展示依然有库存，依然不停地被卖出。

1
BU: Business Unit，阿里内组织架构的最大单元。

2
全链路压测的架构会在第3章详细介绍，这里仅介绍一下这套系统的诞生过程。

3
南天：2012年到2013年天猫双11队长，现任淘宝移动平台资深总监。

年，集合了各个BU[1]的力量，我们创造了一套全新的压测系统：全链路压测[2]。

一个全新的系统，从产生到全面实施从来不是一帆风顺的。刚开始，大家根本不敢到线上压测，担心影响用户，直到有人大胆地承诺："出了故障我来背！"到9月时，刚开始两次大规模的压测都失败了。有人开始怀疑方案的可行性，思考要不要回到之前的压测模式。有人在打趣："摩擦了一晚上都没有动静。"有人在宽慰："第一次从来不会一把成功，我们多磨合几次。"一直到最后当时的双11队长南天[3]拍着桌子下定决心："我们这次一定要成功，让所有的开发人员一起来加入！"这个指令的下发坚定了所有人的信心，也统一了所有人行动的方向。我清晰地记得第一期的那些开发人员，在一个小小的会议室里面，晚上12点我回家时他们在，早上8点我来公司时他们还在。眼睛里经常有血丝，但是说起话来还是中气十足。每次给我的答复都是："我们会成功的。"感谢这些人，无论现在是否依然在双11的岗位上奋战，但双11的功臣中一定有你们的名字。

针对库存问题，我们在2013年做了独有的超卖审计系统，它是针对商品库存的一套确定性审计工具，会实时对账所有库存，一旦有超卖，马上能收到报警，这个系统在这些年的库存保障中发挥了巨大的作用。

2013年：有惊无险

到10月时，全链路压测终于成功了，几次压测中发现了600多个bug。参加的技术同学纷纷感慨，称之为"神器"。但是在零点开始之前还是出现了一个小插曲。通常双11之前所有日志都会清理一遍，但是那一年这个常见的操作却遗漏执行了，技术人员就在11月10日晚上发现问题时，临时手工写了一个简单脚本处理日志清理，可是脚本发生了一个小问题导致日志文件被删掉。由于担心日志输出找不到文件会影响性能，所以决定分批重启机器，重启时又发现已经执行的提前预案中有一个bug，在启动初始化时有报错，导致应用启动失败。最后只能紧急发布修复了bug。所有机器重新启动完成的时间是11月10日晚上11点55分。当时大家盯着时间，盯着系统一台机器一台机器地发布，和时间赛跑的感觉历历在目。再后来，每次大促之前我们都会提前准备一份作战手册（指导双11前一个星期所有准备工作的手册），写好所有的内容，细化到时间点和执行人，防止再出现任何意外。那一年，有惊无险，零点的成功率满足期望，而且系统容量和零点的峰值差不多吻合，用户体验刚刚好。

2013年由于各个系统的预案加起来超过2000个，已经无法依靠人力来控制和梳理，因此我们做了一个所有预案的控制系统，提前降级的开关可以准时执行，准备好的预案可以录入并且做好权限和通知管理。

2014年：最顺利的双11

由于用户和数据的急剧增长，系统发展严重受限于数据中心只能部署在一个城市，并且随着规模的增大，单个机房的不稳定性也明显增加。为了应对物理机房的挑战，我们启动了一个全新的思路：单元化。它的理念是将系统切割成足够小的单元，每个单元都能独立承担各自的流量。这样用户流量就可以随单元增加而均衡分配，而且每个单元之间相互独立。

2014年双11当天，杭州的机房已经容纳不下我们的系统扩容了。于是我们在上海建立了新的机房，双11当天，真正实现了异地双活的梦想。双11当天，杭州和上海两个机房各自承担了50%的流量，那一年是最顺利的一次双11，系统和用户体验都没有问题。

2014年双11之后，我们又启动了多地多单元、异地多活的项目，其中一个城市距离更是在1000km以上，这种部署结构是对我们单元化项目的一个全面验收，也为我们后面系统的不断扩展打下了坚实的基础。这种部署方式的实现也意味着阿里电商系统拥有了在更大规模下的水平伸缩能力和在全国任意地点部署、在线切换的能力。

但是在双11的总结中我们发现了一个特别明显的趋势，就是移动的占比越来越高，双11零点已经超过50%，如何在手机这么小的屏幕上推荐给用户真正想要的商品已成为技术必须解决的难题。

2015年：移动端购买率大大提升

2015年，第一次有了双11晚会，晚会现场可以竞猜参加活动的哪个团队获胜，可以现场抽奖，技术部实现了线上和线下的同期互动，效果超出期望。我们的客户端注册系统当场就被用户的热情打爆了，紧急扩容解决。

零点移动端入口页面的流量大大超过了我们的预期，而物流系统和移动入口部署在同一批物理机上，机器资源发生争抢，有10%的物流机器宕机，无法响应，那么落入这批机器的用户就会购买失败。零点10分我们做了一个决策，直接剔除这批机器，系统的成功率重新恢复到正常值。当时的决策是有风险的，因为零点10分流量依然很大，我们无法推测剔除这批机器的风险。如果剩余90%的机器扛住了，那么我们就成功了；如果扛不住，可能所有交易就会跌到零。一定是用户的热情创造了奇迹，我们幸运地扛住了那个零点。

2015年，我们在会场页面实现了个性化。所谓个性化，就是我们会根据用户的购买习惯让用户看到的都是符合自己爱好的商品，这样每个用户看到的会场推荐都带入了自己的喜好和偏向。这一变化，让移动端的点击和购买率得到了大大提升，也为下一年的全面个性化打下了基础。

2015年之后，为了进一步节省双11当天的机器资源，我们开始了全面上云（使用阿里云的资源来支持系统压力）的规划，并且对内部所有系统进行了改造，务必实现在2016年能够快速无缝上云。

2016年：实现云化

刚刚过去的这一届双11，记忆鲜活而生动。

从2016年开始，我们的全链路压测加上了导购的流量，而且2016年导购峰值也从之前的10日10点转移到了11日的零点，和交易的峰值完全重合，零点峰值的压力进一步加大。

为了能快速释放和节省双11的成本，我们实现了50%的云化，即我们用阿里云的资源扛住了双11当天50%的流量，在双11之后一周内再将机器资源释放出来，提升机器循环使用的效率。

我们在手机客户端单独做起了直播。用户可以在手机淘宝和天猫客户端一边看晚会，一边参加抽奖和互动游戏。

我们玩出了跨店的红包和购物券等产品作为新玩法，可是由于零点的限流产生，就出现了这样一种情况：这些组合下单的商品，只要有一单支付失败，其他一起下单的商品由于享受了组合的优惠，所以也无法下单。双11前一天已经评估出了这个风险，所以准备了一个后台程序帮助回补没有使用的红包和购物券。此时，由于流量长时间的持续，限流时间超出预期，我们的后台程序也在大压力下挂掉了。技术人员只能对后台程序进行扩容，从准备的几十机器扩展到几百台机器，终于在早上6点完成了红包和购物券的回补。

　　从2010年开始，为了双11的顺利进行，阿里每年都会任命一个双11技术部团长来整体负责双11技术的稳定性工作。在团长之下，会成立一个大促小分队，然后在各个事业群选拔最合适的同学作为各个事业群的队长。队长在负责本BU技术工作的同时，还负责和其他BU进行联动和消息共享沟通。队长通过周会的形式来互报进度和风险。为了双11当天的稳定，每年都会安排4至6次的功能回归演习和全链路压测验证工作，这些工作会在几十个事业群中同步进行。通常参加一次全链路压测的技术人员都会在300人以上。

　　这么多年双11下来，有些人好奇："做了这么多年了，该准备的都准备好了，为什么每次技术部还那么紧张啊？"听完了这些历史，也许能有一丝明白，每年的双11，我们的玩法都在变化，我们的流量不断挑战高峰，我们的技术也在效率和创新上实现着自我突破。双11没有一年不辛苦，没有一年不紧张，没有一年不需要加班熬夜通宵，没有一年不是战战兢兢。有人在解决问题时一边哭泣一边写代码；有人在双11结束的第二天就会去找主管"我明年再也不要干双11了"；有人由于身体或者家庭的原因申请离开。但庆幸的是，每年都会有更多的人加入进来，带着新的热情和梦想，明知路难行，明知山有虎，但总需要有那样一群人，咬着牙，红着眼，在再大的压力下，在再苦的环境下，在已经通宵神志不清的情况下，把问题一个个解决掉，然后笑着告诉大家："今年我们一起又把双11扛过去了。"

这是我们阿里技术对所有用户的态度，我们不完美，我们会犯错，我们没有提供给用户最好的体验，我们很抱歉，我们会在深夜哭泣，哭泣我们不小心的遗憾，哭泣我们一个疏忽给用户带来的严重影响。但是我们在努力，我们在前进，我们在错误中不断反思，继而成长。感谢这些年用户对我们的接纳和信任，请相信我们在努力。也借这本书答谢所有参加过双11的朋友们，谢谢你们对我们的信任，我们会带着这份信任一路前行，让中国互联网的声音响彻全世界。

轻松注册成为博文视点社区用户（www.broadview.com.cn），您即可享受以下服务：

- 提交勘误：您对书中内容的修改意见可在【提交勘误】处提交，若被采纳，将获赠博文视点社区积分（在您购买电子书时，积分可用来抵扣相应金额）。

- 与作者交流：在页面下方【读者评论】处留下您的疑问或观点，与作者和其他读者一同学习交流。

页面入口：http://www.broadview.com.cn/30917

二维码：

阿里技术架构演进

王坚博士在多个场合都曾经讲过"双11是过去几年阿里技术发展的强大驱动力",双11业务的快速发展造就了目前具备高度水平伸缩能力、低成本的阿里电商架构体系。总体来说,阿里架构演进可以分为电商基础架构演进、支付架构演进、移动端架构演进和混合云架构演进。

阿里电商基础架构第一轮演进,从2007年年底开始,到2009年年初的五彩石项目结束,从之前的集中式架构体系演进为了分布式架构体系。第二轮演进,从2013年到2016年,从分布式架构体系演进为单元粒度的分布式架构体系。两轮演进的同时还伴随着支付架构体系的升级、自研关系型数据库OceanBase的成熟以及PC端到移动端的转型,这也驱动阿里做了多轮移动端架构的升级。到2015年,阿里已具备了通过加机器来支撑不断增长的请求量和数据量的能力。之后,如何更好地控制为双11零点峰值投入机器的成本成为一个核心话题,而从2015年开始启动的混合云架构改造则最终极大地控制了成本。

从水平伸缩到成本控制,阿里电商架构不断迭代,未来随着业务的发展,必然还将面临新的架构升级,本章将向大家揭示从2009年到2016年双11架构演进的细节。

1.1　五彩石，电商架构新起点

▼ 执笔人

小邪：阿里集团中间件技术部，研究员。

五彩石项目对阿里技术主要有两个影响：第一，通过抽取电商公共元素，沉淀了共享服务，降低了创新和试错成本，奠定了阿里在电商领域进行快速创新的基础；第二，形成了一套支持互联网业务的中间件，因为分布式所以要用中间件，而中间件的意义就像阿里技术采用了相同的铁轨宽度、电器采用了相同的电压、沟通采用了同一种语言一样，持续地降低了学习、研发和运维的成本。本节重点介绍五彩石项目的背景以及实施过程等，了解它在整个阿里技术体系演进中的重大意义。

1.1.1　五彩石项目的诞生

2008年5月10日阿里发布了淘宝商城，也就是后来的天猫。当时淘宝商城和淘宝网是互相独立的两套系统，淘宝商城有自己独立的会员、商品、交易、店铺、优惠积分等系统，唯一和淘宝共享的是会员数据。淘宝商城运行了半年左右，由于数据和系统的独立，淘宝商城很难方便快速地借力淘宝网的大流量，而这不符合互联网快速变化业务的特性，所以业务方决定彻底打通淘宝网和淘宝商城的数据和系统。这次以业务目的为出发点的整合，却给整个阿里的架构带来了巨大的正面的进化。

2008年10月，淘宝网和淘宝商城的数据打通项目（如图1-1所示）开始启动，代号"五彩石"，这个项目由行癫[1]直接负责，范禹负责总体架构，范遥[2]为项目经理，常驻杭州华星世纪大楼1楼的项目室。研发人员大概有60多人，项目结束后，统计参与人员共计200多人。在这个项目之前，一般超过10人参与的项目就已经算是公司级的大项目了，可见当时这个项目的决心。

1
行癫：五彩石项目结束后从负责淘宝网，到负责1688，再到负责聚划算、天猫，后来成为淘宝、天猫、聚划算三淘总裁，2016年初开始任阿里集团CTO，全面负责集团的技术。

2
范遥：淘宝网早期研发组两位主管之一，现负责产品和运营方面的工作。

图1-1　淘宝网和淘宝商城的整合

1.1.2 五彩石项目三步走

五彩石项目是分为三期来实施的，三期项目都带有明显的业务目标，以业务目标为驱动的架构演进方式也成为阿里后续很多项目实施的参考。

1. 第一期：商品体系的整合

五彩石项目第一期完成了商品体系的整合，这期主要包含了商品的整个生命周期涉及的所有数据和系统的整合，包括商品的类目体系、发布、编辑、上下架、补货、橱窗推荐、前台详情、导购、搜索等模块的重构和整合。第一期项目有两个重要的挑战。

- 第一个是要完成淘宝和淘宝商城的数据归一化，简单来说就是两套系统所涉及的商品类目、品牌、属性等信息要统一。以品牌ID为例，Brand_ID=2000，这个ID所表示的值应该既能被淘宝网的所有系统认可，同时也应该能被淘宝商城的系统所使用。因为这两个市场所有的业务都是基于原来的品牌ID建设的，所以涉及品牌ID的地方非常多，但是统一之后所有地方都要使用新的ID，任何系统都不能有遗漏。

- 第二个是商品上下架周期标准的统一。淘宝网的上下架周期是7天，即商品上架之后，过了7天会自动下架。下架后的商品前台消费者是搜索不到的，如果需要继续售卖，那么卖家需要重新编辑商品或者重新上架商品。这个规则主要是针对C类小卖家设计的，以保持卖家对商品的持续关注度。而淘宝商城则没有下架的概念，它一开始就是针对大商家和品牌商家设计的，所有商品永远在线。

第一期项目发布过程非常惊险。在淘宝网发展历史上很少出现停机发布，这期项目因为涉及数据和数据结构的变更，必须停机发布，因此我们制定了非常详细的发布计划，但是这个计划里并没有回滚计划，所以这次发布只能成功不能失败。原因也很简单，如果要回滚，那么至少需要超过24小时的时间来做数据的回退。

在发布之前，我们在淘宝网首页做了公告："淘宝网会在凌晨0:00—5:00停止服务！"也就是说，留给项目的发布时间只有5个小时。我们在凌晨4:00左右完成了整个系统的上线，打开入口后流量慢慢开始进来。正在大家准备庆祝的时候，有人反馈在淘宝社区页面里有大量的类目链接打不开，原因是新的商品导航地址和老地址不兼容。由于大量的类目ID发生了变更，所以不兼容是肯定的，在主要的场景，比如淘宝网首页、搜索导航页、频道页都做了替换式的兼容。不过当时把社区给遗漏了，由于时间比较紧急，我们决定在程序里直接做新老ID的映射，这种方式不太优雅，不过可以彻底解决死角的问题。程序很快准备好了，再次发布上线，问题解决了。这时又发现了新的问题，系统的负载比原来高了很多，原因是每次用户对系统的请求都会去检查文件的更新时间，这个系统调用非常消耗资源。经过一番周折，解决完这个问题，再次发布程序已经是8:00了。幸运的是，流量的快速上涨是在8:30之后。

2. 第二期：交易体系的整合

五彩石项目第二期主要完成交易体系的整合，包括购物车、下单、优惠营销类完成统一化。

这期项目有一个小插曲。淘宝网一直以来都有团购的交易模式，卖家可以发布一个团购的商品，允许多个买家凑足一定的单数后以一个较低的价格买到商品。当时这种模式的交易看起来挺好，实际上交易额非常低，占全网的比例小于1%。在五彩石项目里，我们拿到团购交易占比数据，发现占比极低，决定把团购交易模型下线。可以说，这个决策完全是由数据指导的。不过在五彩石项目立项的同时，大洋彼岸一家名为Groupon[1]的公司在2008年11月成立了，经过一两年的发展，风靡全球。很快在中国也兴起了百团大战，淘宝网在2010年3月份上线了独立的淘宝团购频道——"聚划算"。

这说明单纯用数据来决定业务也不一定完全靠谱，我们还要注重用户需求领域内模式的不断创新，包括商业的、技术的。因为有时用户的需求没有变化，但达成需求的模式变了。幸运的是，淘宝网推出"聚划算"是完全基于共享服务的，从构思到上线效率非常高，如图1-2所示。

图1-2 基于共享服务创建的聚划算

1
Groupon：以网友团购为经营卖点，可谓美国等团购网站的鼻祖。

3. 第三期：打通淘宝店铺和淘宝商城店铺

五彩石项目第三期以打通淘宝网的店铺和淘宝商城的店铺为主。淘宝商城的店铺当时采用了非常经典的红色风格，整合完成之后淘宝商城的店铺只是淘宝旺铺为其提供的一个特殊装修模板。

第三期项目结束之后，基本上完成了淘宝网和淘宝商城的数据打通和系统打通，为后续淘宝商城的飞速发展打下了坚实的技术基础。

五彩石三期项目都带有明显的业务目标，第一期打通商品，第二期打通交易，第三期打通店铺。另外一条项目主线是架构重构，通过不断抽取共享服务，形成服务化架构的电商平台。

1.1.3 分布式架构的跨代进步

五彩石项目并没有以淘宝网或者淘宝商城的架构为基础进行演化式的改进，而是进行了比较彻底的重构，是一次全新的架构升级，是分布式技术跨代的进步。

在系统整合之前，整个架构和非互联网的软件厂商架构是一样的，基础架构基于商业数据库、小型机、高端存储，业务系统架构是端到端的烟囱式架构。简单来说就是每个业务板块都是一个独立的系统，公共的数据都是直接访问数据库的，没有形成公共的服务层。端到端的架构优势是小规模团队作战时行动速度很快，各种复杂的需要一般都只需在一个系统里即可完成，而且研发人员对整个系统都很熟悉，系统运维比较简单，同时系统的稳定性也比较高。

随着业务复杂度的增加，系统规模的不断扩展，这种架构也开始出现问题，主要包括：

- **业务研发效率比较低**。业务研发效率低也导致了业务的扩展性受限，做一个新的市场必须重新开始建设而不能重用一些业务模块。

- **系统扩展性比较弱**。因为数据库连接的关系，应用服务器的扩展规模受限制，另外数据库本身的容量也会因为小型机的计算能力而受限。

- **技术升级受限**。比如要对数据库进行扩展或者修改，需要修改多个系统，需要对多个系统进行回归测试，同样对热点数据增加缓存也需要修改多个系统。

通过抽象和梳理，本质上我们需要解决的第一个问题，就是业务的扩展性问题，然后需要解决因为这个问题带来的技术扩展性问题。

1. 业务扩展性问题的解决

为了解决业务扩展性问题，首先需要建立共享服务层，把公共的业务元素抽离出来形成共享的服务。比如taobao.com、tmall.com、1688.com、 ju.taobao.com 等都需要用到会员服务，那么就把会员服务作为共享服务抽离出来，任何系统需要获取会员信息时只需通过调用会员服务的接口就可以，而不需要每个业务方自己再去开发一套会员系统。同样的思路把电商业务公共的服务，如商品服务、交易服务、营销服务、店铺服务、推荐服务、库存、物流等从各个业务里抽离出来建设成共享服务，后续新建的业务市场均基于这套公共的电商元素来进行构建。

共享服务层的建立很好地对横向业务提供了统一的数据和服务收口，比如手机淘宝、安全、商家服务这三个横向的业务就非常依赖共享服务。

- 手机淘宝通过共享服务得到了业务输出的一致性和统一性；
- 安全上比如要对商品数据做统一治理；
- 商家服务则利用了共享服务开发了TOP平台来对接外部的商家工具。

各个共享服务之间形成了比较好的隔离，保障了各个共享服务独立的发展空间，各个共享服务既互相关联，同时又互相独立。在系统架构建设上，把交易和商品两个服务中心完全独立团队、独立系统去建设。商品服务中心和交易服务中心是完全独立的两套共享服务，所以在业务发展上可以比较独立，系统又不互相影响。这使得商品相关的业务全部封闭在商品服务中心里，交易相关的业务全部封闭在交易服务中心里，架构的域之间低耦合、高内聚。因为隔离做得比较好，没有业务之间的复杂交错，所以各个业务领域发展创新不受限。最佳案例就是早期支付域逐步发展成为了支付宝，物流域逐步发展成为了菜鸟物流，而TOP则发展成为了服务商家生态的聚石塔[1]。

2. 技术扩展性问题的解决

第二个问题就是技术扩展性，"房子千奇百怪，但是砖头都是一样的"。利用共享服务层解决了业务扩展性问题，好处是新构建一个业务市场变得非常容易和迅速，同时任何数据结构的变化只需在一个地方改变。带来的挑战是系统分布式之后对于研发来说要关注分布式本身。这是我们所不希望的，我们希望研发人员仍然像之前开发单机版的软件一样开发系统，把分布式的问题控制在一些通用的组件里面。这就需要引入解决分布式问题的中间件技术，当时并没有商业软件可以使用，也没有合适的开源产品可以选择。

五彩石项目第一次大规模地使用了中间件。系统分布式之后，需要有一套统一的组件来解决分布式带来的共性技术问题。比如提供服务的发现机制、提供服务的分组路由机制、同机房优先机制等，我们把这些能力沉

1
聚石塔：2012年7月10日，天猫与阿里云、万网宣布联合推出聚石塔平台，率先以云计算为"塔基"，为天猫、淘宝平台上的电商及电商服务商提供IT基础设施和数据云服务，详见5.1节。

淀在了一个框架里，这个框架就是HSF。为了解决单库性能瓶颈问题，使用分库分表的技术，这个技术被沉淀在了TDDL框架上面。为了解决分布式事务的性能问题，把原本一个事务里的工作拆成了异步执行，同时必须要保证最终数据的一致性，我们采用了消息发布订阅的方式来解决，这个消息框架就是Notify。

HSF、TDDL、Notify这"三大件"，有效地解决了应用分布式后带来的技术扩展性问题，同时让整个系统的技术架构变得依旧如当初一样简单。如果系统计算能力不够，基本上能做到只需要增加服务器即可。共享服务层和分布式中间件使频繁的业务变化封闭在了一个适合的系统层，同时技术的变化也隔离在了一个合适的范围，如图1-3所示。

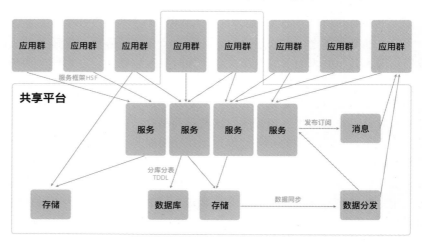

图1-3　分布式中间件的大规模使用

 **总结**

为了解决业务扩展性问题，通过抽取共享服务层，在非常低的试错成本下涌现出来大量新的业务市场，推动了阿里电商业务的快速发展，同时共享服务本身也随着业务发展起到了越来越重要的作用，比如库存中心服务的抽取，使得和商家对接的供应链领域得到了快速发展。

为了解决技术扩展性问题，引入了分布式中间件技术。扩展服务器的存储和计算能力变得只需要增加服务器就可以解决，研发过程不需要关注分布式带来的理解上的困难。分布式中间件本质上是让多台廉价PC服务器组成一台超级服务器。

　　通过五彩石项目，阿里完成了一次伟大的技术变革，为后续的持续架构演进打下了坚实的基础。五彩石项目沉淀了一套"共享服务化"的架构理念，以及一套和该架构理念对应的分布式中间件技术，如图1-4所示。这个架构理念和这套分布式中间件技术在后续阿里的业务和技术发展上被大范围使用，同时也被业界很多互联网公司所借鉴。

端		手淘	来往	淘点点	其他二方App		
		PC浏览器	天猫	航旅App	...		
市场	引流	口碑	淘客	收藏	域名		
		无线入口	etoo	广告	...		
	市场	淘宝	天猫	1688	ICBU	AE	商超
		海外	航旅	电器城	医药馆	点点	彩票
		二手	主题市场	行业市场	虚拟机	保险	...
	导购营销	聚划算	天天特价	淘金币	清仓	爱逛街	
		本地生活	拍卖	导购营销	优惠促销	...	
业务平台		商业应用	商品元数据	会员平台	交易平台	营销平台	物流
		仓储	汇金	开放平台	CRM	客服系统	运营系统
		活动平台	招商平台	评价	ECRM	推荐平台	店铺系统
		千牛	支付宝	通信	库存	服务市场	数据平台

图1-4　基于共享服务平台构建的电商生态

1.2　异地多活，解除单地域部署限制的新型双11扩容方式

▼执笔人

毕玄：阿里巴巴集团平台架构部，研究员。

　　五彩石项目将阿里电商交易的架构从2.0升级到3.0，大幅提升了系统的水平伸缩能力，异地多活则在五彩石项目之上，将阿里电商交易的水平伸缩能力再次提升为单元粒度级，架构版本也相应从3.0升级为4.0，这次架构升级从2013年开始，到2015年双11时已形成三地四单元架构（如图1-5所示）。在成功经历双11考验后，异地多活架构进入成熟阶段，意味着阿里的电商交易业务具备了以交易单元为粒度的水平伸缩的能力。与此同时，交易单元可部署在全国任意的城市，随时在线切换。

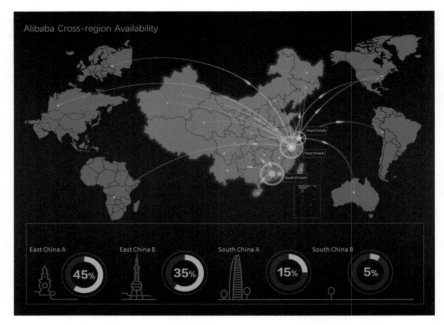

图1-5　三地四单元架构

1.2.1 背景

在五彩石项目完成后，我们一度认为阿里电商交易业务不会再有水平伸缩能力的问题。直到2013年双11准备阶段，按照五彩石项目后每年双11的通常动作加机器，结果在加机器的过程中我们发现，整个集群中有个别系统出现了达到瓶颈的状况，紧急改造后才勉强支撑住。在接下来的系统架构复盘工作中我们发现，尽管随着五彩石项目的改造，整个系统的架构形成了一个巨大的可伸缩的分布式系统，但仍然会有几个组件是集中式的。事实上，随着不断增加机器，这些集中的点出现问题是迟早的事情，这也意味着架构要进行新一轮的升级改造。

在2013年年初的时候，我们也看到了另外一个问题——系统发展严重受限于数据中心只能部署在一个城市，并且随着规模的增大，单个机房的不稳定性也明显增加，这就产生了把系统部署在异地机房的需求。

1.2.2 目标

五彩石项目完成后的3.0版本架构面临两个问题：

（1）集中式组件的存在影响到更大规模的水平伸缩能力；

（2）同城部署使得数据中心发展受限，同时还带来了稳定性隐患。

3.0版本之所以在更大规模时出现了水平伸缩能力问题，主要在于一个庞大的分布式系统中尚有若干集中式的节点存在，而要去掉这些集中式节点基本是没办法做到的。经过分析和讨论，我们认为一个比较好的解决办法是限制分布式系统的规模，当这个分布式系统达到一定的规模后，例如5000台机器，就再搭建一个新的。换言之，如果架构最终的目的是将糖果塞进盒子里，那么2.0版本选择了将尽量多的糖果塞进一个盒子里，哪怕最后的结果是部分糖果被挤变形；而3.0版本的理念其实更像是不断增加盒子的数量来实现盛装更多的糖果[1]。客观上来说，出现如此大规模水平伸缩能力问题的业务并不很多，目前只有在交易业务上出现了，所以我们把这轮改造又称为"交易单元化改造"。

单元化要做到可以按照单元粒度伸缩，必须做到以下两点：

（1）用户流量可以随单元增加而均衡分配。假设当前是一个单元，如果增加了一个同等机器数的单元，那么应该可以给每个单元平均分配50%的流量。

（2）每个单元具备独立性。这意味着单元之间不应该有强交互关系，这样才能确保增加单元时不会因为有集中组件造成伸缩瓶颈。

在2013年启动这个项目的时候，我们认为单元化方案有非常多不清晰的细节需要摸索，存在较高的风险，为了尽可能地控制单元化给业务带来的风险，我们给单元化项目制订了一个三年计划，如图1-6所示。

图1-6　单元化项目三年计划

当这个三年计划定下来后，也就意味着阿里的数据机房会按照这个节奏部署。众所周知，机房是需要提前几年时间来建设的，因此也就意味着这个三年计划只许成功，不许失败。

1 这个全新的设计思路是预先设定盒子中可以盛装糖果的数量，当糖果的数量到达限定值时就增加一个新的盒子。

1.2.3 演进过程

1. 2013年：同城双单元

1
当时我们邀请了各个业务部门的技术、数据库、机房、运维等基础设施团队的负责人参加启动会。

2013年2月28日单元化项目正式启动[1]。在这个会上，一方面给所有团队讲解单元化的必要性，另一方面详细阐述了三年计划及初步的方案框架。在陈述方案框架的时候，连宣讲的人都觉得不够清晰。

启动会结束后，多个团队的同学进入了单元化一期的项目组。我们要做的第一件事就是确定单元化方案的方向选择。在多轮探讨后，大家就单元化如何做到独立性达成了初步一致。

- **形成交易单元和中心两个概念。** 单元化主要解决的两个核心问题是伸缩能力和容灾能力问题，同时单元化方案势必要对业务进行改造，但是并不是所有业务都需要去做相应的改造。在详细分析论证后，我们认为交易是必须做到单元化的，其他的非交易业务（例如卖家业务等）在伸缩和容灾上所面临的挑战尚不需要采用单元化如此复杂的方案来支撑。根据这样的分析，我们把做了单元化的交易称为交易单元，把其他没做单元化的业务称为中心——中心只能在同城部署，交易单元则可以在异地部署。

- **基于买家数据划分单元，将卖家/商品数据从中心同步到所有单元。** 要做到单元请求处理的独立性，最重要的是数据。为了确保数据的一致性，要求同一条数据只能在一个单元进行处理，如果多个单元都修改同一条数据，那么数据的冲突将难以避免。基于这样的原则，单元的数据必须做一个切分。交易数据的维度有买家、卖家和商品，最终选择的是以买家为基准。卖家/商品数据的修改集中在中心节点完成，中心成为一个拥有全量业务和全量数据的节点。在买家的请求处理和数据读写基本都封闭在单元内后，单元的独立性自然可以实现。

2
牧劳：时任交易中心技术工程师，负责交易核心系统的稳定性。

之后，交易团队的牧劳[2]编写了具有里程碑意义的《跨机房单元化部署——总体技术方案》第一版文档，如图1-7所示为当时单元化的方案。

单元独立性同时也意味着多个单元的数据均为可写的状况。在这种情况下，如何保障数据的正确性成了单元化项目的关键点和最高风险点，这也是我们在设计整个单元化方案时需要最高优先想清楚的原则，为了保障数据的正确性，我们做了如下设计：

- 请求经过的所有节点都要求进行路由正确性验证和跳转。
- 写入数据前进行路由正确性验证。
- 单元中的卖家/商品数据设置为只读。
- 切换流量时禁写。

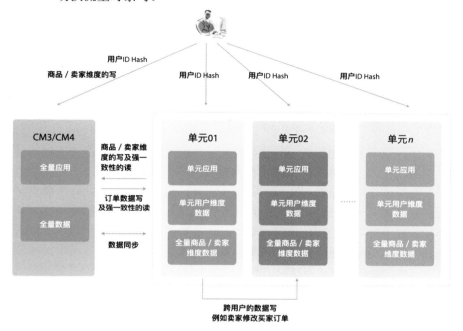

图1-7　当时单元化的方案

　　整个单元化方案的不可控因素非常多，我们随后决定在一期中只选择交易链路中最核心的几个节点测试单元化方案，当成熟稳定后再明确指导业务方如何完成单元化改造。

　　在明确方案策略后，最终我们圈定了一期的改造范围为：

（1）所有中间件，之前所有的中间件都没有单元概念，现在因为要确保根据单元正确路由，所以所有的中间件都需要进行改造；

（2）数据同步产品，在单元化方案中，数据同步是其中非常重要的部分；

（3）17个核心交易系统。

　　整个项目团队在2013年4月15日到4月19日进行了细节方案的编写和评审，5月20日项目团队进入项目室开始封闭开发。在开发过程中，我们之前担心的不成熟和不清晰的问题多次出现，导致整个细节方案调整过许多次，甚至有好几次都是在发布阶段才发现遗漏点。最终单元化一期项目在多次推迟后于7月24日凌晨发布上线，在经历了逐步打开应用单元化和数据读写单元化两个阶段后，于8月27日凌晨正式宣告两个独立单元上线，在9月12日时新建的同城单元支撑了30%的买家流量。

一期项目最终达到预期目标，单元化的方案基本摸索清楚，各中间件改造基本完成，业务层需要做的改造也得以清晰，为单元化改造在接下来更大规模地展开打下了坚实的基础。

2. 2014年：异地双活

按照计划，2014年将在一个距离比较近的城市部署交易单元，并在双11中启用，每个单元分别承担50%的用户流量。

2013年由于是在同城，网络延时几乎可以忽略，2014年尽管选择的是一个距离比较近的城市，但单次的网络延时仍然有5ms左右。这就意味着对于像阿里这样体量的大型分布式系统而言，如果单元化改造时不解决网络延迟问题，一个页面的访问延迟可能从5ms放大到500ms，那样的话，业务基本就不可用了。因此，2014年单元化改造的重点是要在2013年方案的基础上，对交易链路上涉及的所有业务进行改造，同时改造一期中未涉及的中间件，以解决异地网络延迟给系统带来的问题。

单元化二期项目从2013年12月就开始准备，在2014年2月进入改造阶段。有了一期的铺垫后，二期的整个改造进展较为顺利。二期项目在单元化细节上也做了更多的完善，例如去除用户进入不同单元的多域名的方案、单元化流量切换的系统、单元化梳理的系统[1]等。由于二期涉及的业务改造数量远比一期多，在实施时间上还是面临了不小挑战。在2014年双11准备阶段，单元化改造项目一直被列为最高风险，从8月份开始就不断地折腾，最终在10月份的双11全链路压测中才完全通过考验。

2014年双11，我们按计划启用了部署在两个不同城市的交易单元，每个交易单元承担50%的用户流量，完美地通过了双11巨大流量的考验。

3. 2015年：异地多活

2014年双11成功启用异地双活后，2015年被我们定义为单元化项目的收尾阶段，在这个阶段中，最主要的目标是形成多地多单元的架构。

2015年年初，在做当年双11的机器预算时，我们依照交易单元的机器数量进行了规划，这意味着以单元为粒度的伸缩能力已具备。最终我们决定在2015年双11形成三地四单元的架构。

[1] 可以更清晰地知道哪些访问跨单元。

从异地双活向异地多活演进的过程中，除了继续完善之前未改造完成的一些跨单元交互节点外，同时还需要改造一些在异地双活中被遗漏的改造点。例如，在异地双活时为了保持单元的容灾能力，两个单元里的数据量都是全量，这个时候单元到中心、中心到单元的买家数据同步只需确保不循环同步就可以。但在异地多活中，因为不是每个单元的买家都需要保持全量，所以在单元到中心、中心到单元的数据同步时就要支持按规则过滤的功能。

在异地双活时代，流量切换时会先禁止流量变更中涉及的用户的所有数据库写动作，直到流量切换完成才恢复。这个方案的问题在于，如果在切换时，用户之前所在的节点出现了因网络中断等导致数据未同步的情况，就会造成流量切换一直完成不了，故障持续时间也会较长。如果这时忽视数据同步未完成，强行切换流量，就会导致尽管用户可以进行新的购买等动作，但可能会有一段时间的数据是不一致的，那样问题会更加严重。我们之后增加了一个区分数据修改和数据新增的逻辑，确保在数据未完全完成同步但路由规则逻辑已推送完成时，即可恢复数据新增的动作，在保障数据一致性的同时，又最大可能地实现可用性。

2015年双11，我们按计划启用了部署在三个城市的四个交易单元，其中一个城市的距离更是在1000km以上，结果大家都看到了，系统完美通过了双11巨大流量的考验，至此也宣告单元化项目在经过三年的改造后，到达了一个成熟阶段。摘抄一段2015年双11结束后邮件内容："三年了，我们终于从当初的连单元化是什么意思都搞不清楚，到2013年杭州双单元双活，到2014年杭州、上海双活，到今天的三地多活，成功地将单元化打造为了架构的能力，淘系电商交易业务终于能够在全国范围内任意地点部署，并且能够部署多个。"

阿里电商交易架构的版本至此也完成了3.x到4.0的升级，最终形成的4.0版本架构如图1-8所示。

在接下来的2016年双11，阿里电商交易架构实现了三地五单元。当然，和2013年到2015年的三级跳相比，2016年可谓"百尺竿头，更进一步"，这里不再赘述。

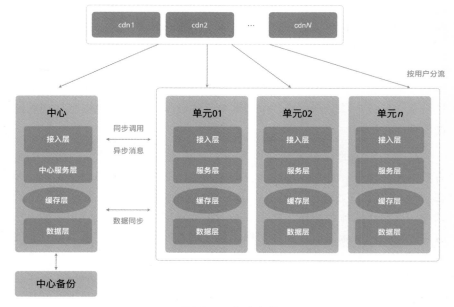

图1-8　4.0版本架构

1.2.4 总结

双11业务的爆发式增长，使得我们有机会在2013年预见到了传统的支撑电商的分布式架构体系所面临的挑战，从2013年2月启动单元化项目，到2015年双11，经过三年的时间，阿里开创了电商行业独特的单元化架构体系，单元粒度的水平伸缩能力，全国任意地点部署单元和在线切换的能力，奠定了阿里支撑单日千亿交易额的架构能力。

随着规模的增大，业务复杂度的上升，每一轮新的架构改造耗费的时间将越来越长，"看到未来的能力"对于有序的架构迭代而言越来越重要。对于单元化架构而言，我们看到了未来多元化的业务单元划分、就近接入、国际化带来的新挑战，单元化架构也将就此有序地继续进行迭代。

1.3　混合云，利用阿里云弹性大幅降低双11成本

▼执笔人
毕玄：阿里巴巴集团平台架构部，研究员。

　　混合云架构的升级代表了阿里电商交易架构从解决规模伸缩能力的问题转移到解决成本问题。这次架构升级从2015年开始，至本书写作时仍在进展中。2015年，10%的双11大促流量使用了阿里云的机器来支撑。2016年，50%以上的双11大促流量使用了阿里云的机器来支撑。相比之前双11结束后机器一定程度的闲置状况而言，2015年和2016年借用阿里云机器来支撑双11的方案为阿里节省了一笔可观的支出。混合云架构的升级意味着阿里电商交易架构要从之前的自有架构体系建设为和阿里云产品融合的架构体系，这给阿里云及阿里电商团队都带来了不小的挑战。

1.3.1　背景

　　每年双11不断创造纪录的交易峰值带来了不小的机器投入成本，双11交易峰值和日常交易峰值的差距越大，投入的机器成本也就越高。在技术层面如何更好地解决机器投入成本问题是必须要去思考的。我们在外部公开分享双11的各种技术时，曾多次被听众问到双11投入的那么多机器在大促结束之后会怎么处理。这个问题确实难以回答。问题解决的契机出现在2014年年中，那时阿里云业务开始爆发式地增长，当时我们想，也许可以尝试在双11大促时借用阿里云资源来支撑，并在双11结束后释放，从而节省资源，避免大促之后的资源闲置状况。于是，2014年8月项目进入准备阶段，到2015年11月项目结束，前后整整持续了一年多。

1.3.2　目标和演进过程

　　项目的目标是采用阿里云资源支撑双11大促，大幅降低双11机器投入的成本。实现这个目标有以下两个前提：

　　（1）**具备业务多地部署的能力**。阿里云的资源遍布在全国各个地域，双11需要用到的阿里云资源和平时交易机器所在的机房很可能不在同一个地域；在这种情况下，多地部署能力就是基本要求了。

凑巧的是，异地多活架构的升级改造在2015年也进入了异地部署阶段，所以两个问题合并，一起解决。

（2）**无缝使用阿里云资源**。在2015年，交易要用到的资源，包括中间件，与阿里云提供的云产品有较大的区别，要充分使用云资源，就必须按照阿里云资源的方式使用。如果把这个变化传递到业务层面，就意味着业务层面要做同时支持两套系统的改造。这样一来，在架构层面就需要用更为透明和无缝的方式去使用阿里云资源。与此同时，为了更好地控制阿里云资源的使用成本，应尽可能减少阿里云资源的占用时间，做到云资源的快速获得与释放。

根据上面的分析，在这轮混合云架构升级中，需要达成的目标是无缝使用阿里云资源，实现云资源的快速借用和归还。事实上，背后的系统改造工作量是巨大的，而且由于阿里云资源之前在双11这样的重大场景中并未使用过，因此存在很多未知的风险。为了控制风险，我们决定把整个架构的升级分为三年来完成，如图1-9所示。

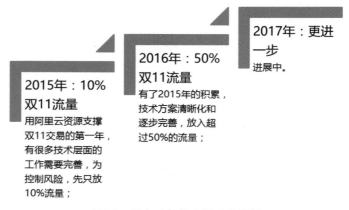

图1-9 混合云架构升级三年计划

1. 2015年：10%大促流量上云

如果要在2015年双11大促中采用云资源来支撑，就必须要做到无缝使用阿里云资源，并尽可能地做到快速借用和归还。

在使用阿里云资源之前，交易业务所使用的基础技术产品和阿里云的云产品有一些是相同的，但也有一些是完全不同的。而完全不同的这类场景会导致几乎无法使用阿里云资源，因此首先要明确有哪些现有产品和阿里云产品不同，以及需要做什么样的改造。我们梳理出如下产品。

- **虚拟化产品**。交易业务主要使用的是内部代号为T4的虚拟化产品，T4是基于LXC[1]改造的虚拟化，相对于当时的阿里云ECS[2]而言，T4在性能方面有较明显的优势。接下来，从2015年2月开始，阿里云成立了专门的团队来优化ECS的性能，差不多一直持续到9月份。这段优化过程对于ECS竞争力的提升也是非常有帮助的。

- **负载均衡产品**。阿里云SLB[3]产品和交易使用的LVS[4]模块也存在一些差异，由于是同一个团队研发，所以只需解决两个产品版本的差异性即可。

- **分布式Cache产品**。阿里云的OCS[5]和交易使用的Tair[6]在管控层面存在差异，评估后的结论是风险可控。

在解决了云上使用的产品问题后，接下来要面临的挑战是运维体系的融合。云环境和非云环境下，双方基础技术产品的运维体系也是存在差异性的，需要将内部的运维系统和云环境进行对接。一期中涉及的云产品为ECS、SLB和OCS，改造工作量很大。阿里云和交易运维团队从2015年2月成立项目团队后便开始进行运维系统的对接，一直延续到7月份才终于完成对接。

接下来，为了尽量降低云资源的占用时间，交易运维团队和研发团队于2015年3月成立了一个名叫"一键建站"的项目组[7]。2015年7月正式通过一键建站产品完成了整个云交易单元的组建。

依照规划，2015年的双11，10%的流量采用阿里云资源支撑，并承受住了海量交易数量的考验。引用当时阿里云项目经理邮件里的一句话："阿里云的公有云平台与阿里集团的专有云连接在一起，构成了业界最大规模的混合云弹性架构，一起扛住了零点高峰。"

2015年双11结束后不久，用于支撑10%双11大促流量的阿里云资源旋即释放。

2015年的双11意味着阿里交易架构从本地升级到混合云，具备了弹性使用云计算资源的能力，这个能力为阿里双11的成本控制提供了巨大的帮助。

2. 2016年：50%+大促流量上云

在2015年成功完成项目的一期规划后，我们看到了混合云为降低双11投入机器的成本带来的巨大作用，极大地提升了大家的信心，于是项目组迫不及待地在2015年12月就开始了第二期的准备工作，并计划在2016年双11中将一半以上的流量都交由阿里云资源支撑。

---

[1] LXC：Linux Container，Linux容器。

[2] ECS：阿里云云服务器产品。

[3] SLB：阿里云负载均衡产品。

[4] LVS：Linux Virtual Server，Linux的负载均衡模块。

[5] OCS：阿里云分布式缓存产品。

[6] Tair：阿里分布式缓存产品。

[7] 双11大促使用阿里云资源的基本方式是基于交易单元的，"一键建站"项目就是通过单击几个按键，快速地从零搭建一个交易单元，并实现快速释放，从而降低云资源的占用时间。

在一期中，有些内部使用物理机的场景无法拓展到云端，只能自行购买设备扩容。在二期中，我们希望尝试将这部分业务迁移到云端，获得云端资源弹性伸缩带来的好处。我们希望在二期中完善运维体系，实现进一步融合。此外，我们希望加速一键建站的建站和下站的过程，降低资源占用时间。

在二期中，项目组主要围绕内部中间件的一些产品上ECS、运维体系进一步融合和一键建站加速来进行。

（1）内部中间件的一些产品上ECS

在2015年，我们尝试将内部的某中间件产品向ECS迁移，但最终由于ECS性能满足不了要求而被迫放弃。之后，ECS团队进行了锲而不舍的优化。直到2016年5月，ECS团队发出邮件，表明这个中间件跑在ECS上的性能指标终于达到要求，甚至超出预期，这段难得的优化经历使得阿里云ECS获得了某些极端业务场景下的适应能力。

这个关键障碍扫除后，坚定了我们2016年双11更为彻底地使用阿里云资源来支撑的决心。

（2）运维体系融合

云上和云下在2015年尽管做了运维系统层面的对接，但很多地方都是通过建设两套系统来完成的，例如部署环境、发布等。2016年6月，一个千载难逢的契机出现了，阿里大力推进Docker化。Docker化意味着不管在何种业务环境下，都可以简单地通过获取镜像来构建和更新整个应用环境。

然而，阿里Docker化道路并非一帆风顺。在Docker化之前，交易业务已经运行在容器上，我们理所当然地认为切换到Docker不会遇到太多挑战。在切换的过程中，阿里在容器/内核领域多年的积累确实让我们在Docker Engine部分没碰到太大挑战，但和我们的乐观估计相比仍然出现了较大的偏差。问题最终的解决，体现了Docker化的不断突破。

- Docker工具体系缺失

  在认为万事俱备，只欠东风的时候，我们开始邀请一些业务部门进行Docker切换并遭到了当头一棒——一开始就碰到Docker工具体系缺失的问题。例如build Docker镜像工具、上传Docker镜像工具，以及将原有的T4容器转换为Docker的转换工具等。这一系列的"惊喜"在之前非Docker工具体系下都是没有遇到的，突然碰到这些问题迫使我们紧急开发了各种工具。

- 多种发布模式的支持

在Docker化之前我们已经实现了容器化，所以容器化显然不是我们推进Docker化的初衷。我们最期待的是借助Docker的镜像化，来实现通过镜像将一台空机器的应用环境标准化地快速搭建起来，但是，这也就决定了每次发布都必须要销毁之前的容器，然后启用新镜像组建新容器的方式。

这种方式对于Java中使用Velocity模板的发布操作而言非常不友善，本来更新一个Velocity模板可以快速发布，并且无须重启生效，而现在则变成了一个极重的操作。

还有一种场景是在机器上有一个专门用来cache数据的进程，如果按镜像重新组建新容器的模式，导致每次都得重新注入cache数据，显然这是无法接受的。

问题的解决方案是，我们选择了在发布时镜像仍然要build和分发，但增加了一个hotfix的标识，对于有这种标识的实例，在拿到镜像后，不用再去新镜像组建新容器，而只是从镜像中获取相应需要更新的文件进行更新即可。

- Docker后编译打包、发布变慢

在整个工具体系逐步完善后，我们开始了业务大规模的Docker化。这个过程进行到2016年9月份时，很多业务部门反馈，切换为Docker后，编译打包、发布较以前变慢了许多，有些以前1个小时的发布，Docker化后差不多要4个小时才能完成。这样的状况显然是对Docker化的另一次重击。

在分析变慢的原因后，我们发现主要是打包机器的镜像cache失效、业务Docker镜像分层不合理、发布时缺少多机房的镜像仓库、镜像分发速度几个原因造成的。在针对这几个原因做了各种优化后，编译打包、发布慢的问题不再复现。

- ECS和Docker的结合

ECS中尽管支持运行Docker，但在之前的版本中结合得并不好，在交易业务切换为Docker后，ECS也相应地做了一些改造，以更好地支持ECS中运行Docker的需求。

- 规模和稳定性

我们目前采用Swarm[1]来管理整个Docker集群，在官方的报告中，Swarm单个实例只能支撑1000 节点（Node），这对于我们的大促场景而言显然是不够的。在大促运行场景中，最终实际运行的场景为单个实例需要支撑超过3万节点。我们用了一个月的时间让Swarm具备了这个规模所需的能力。此外，官方版本的Swarm的稳定性也不理想，我们在官方Swarm的基础上做了各种改造，同时增加了Swarm热备节点的实现，才终于根本性地提升了Swarm的稳定性。

（3）一键建站加速

为进一步缩短云资源占用的时间，在2016年进一步提升了一键建站和下站[2]的速度。最终，建站的速度可以做到一天内完成，下站则需要进行一些核心日志数据的搬迁，可以做到一周内完成。

 总结

阿里从2009开始布局云计算，成立阿里云，打造云计算时代的"水电煤"，到2014年，迎来云计算的爆发。随着阿里云用户的增长，公共云强大的弹性能力也给双11带来了大幅节省机器投入成本的契机，于是从2015年开始启动了混合云架构的改造升级。2015年和2016年双11混合云改造的成功，让我们看到并切实获得了架构在这个演进方向上带来的巨大成本节省，并借此优化和提升了阿里云产品的性能及稳定性。与此同时，阿里交易架构也充分享受到阿里云资源弹性能力带来的巨大收益。我们将继续推进混合云架构的优化，依托阿里云的云计算资源，以更低的成本支撑阿里交易业务的迅猛发展。

1
Swarm：是一套较为简单的工具，用来管理Docker集群。

2
下站：把建好的整个站点的流量以及服务器下掉。

1.4 OceanBase，云时代的关系数据库

▼执笔人

日照：蚂蚁金服基础数据部资深技术专家，OceanBase技术架构师。

关系数据库经过40多年[1]的发展，广泛应用于各行各业。然而，当今数据量和并发访问量呈指数级增长，原先运行良好的关系数据库遭遇了严峻的挑战：极度高昂的总体拥有成本、捉襟见肘的扩展能力、荏弱无能的大数据处理性能，等等。在天猫双11这场技术盛宴中，关系数据库的劣势又被成倍地放大。OceanBase（中文名"海钡云"）是阿里巴巴/蚂蚁金服集团自主研发的面向云时代的关系数据库，从2010年6月份立项开始已经发展了六年半的时间。它构建在普通服务器组成的分布式集群之上，具备可扩展、高可用、高性能、低成本及多租户等核心技术优势。目前，OceanBase已经应用于蚂蚁金服的会员、交易、支付、账务、计费等核心系统和网商银行等业务系统。在刚刚过去的2016年双11，用户每一笔支付订单背后的数据和事务处理都由OceanBase完成。

1
从E.F.Codd于1970年首次提出关系数据库模型算起。

1.4.1 发展历程

如图1-10所示，OceanBase经历了4个发展阶段。

（1）诞生。OceanBase项目于2010年6月立项，第一个用户是淘宝收藏夹，OceanBase发布了0.1和0.2两个大版本。

（2）电商数据库。收藏夹项目成功后，OceanBase项目在阿里电商平台进行推广，发布了0.3版本和0.4版本，应用在淘宝直通车（P4P）、天猫评价、汇金、淘宝SNS、淘足迹等业务。另外，2012年年底，OceanBase团队的组织关系由淘宝转到支付宝[2]，开始拓展金融业务。

2
2004年12月8日支付宝正式成立。2014年10月16日起步于支付宝的蚂蚁金服正式宣告成立。

（3）金融数据库。2014年，蚂蚁金服开展交易去O项目，即核心交易从Oracle迁移到OceanBase。OceanBase发布了0.5版本，解决了金融数据库面临的强一致和高可用问题，成为世界上第一个应用在金融核心系统的非商业数据库。交易去O成功后，蚂蚁金服如火如荼地开展核心去O项目，将所有核心业务从Oracle迁移到OceanBase。

（4）云数据库。2016年，OceanBase正式发布OceanBase 1.x，它是一个面向云时代的关系数据库，应用在蚂蚁金服最核心的账务系统中，并开始对外提供云服务。

图1-10　OceanBase发展历程

 **诞生**

关系数据库最大的门槛在于稳定性，这是一个"先有鸡还是先有蛋"的问题。如果数据库不稳定，业务就无法使用；如果业务不使用，数据库就不可能稳定。

OceanBase的第一个业务是淘宝收藏夹，之所以选择这个业务，是因为传统关系数据库无法满足收藏夹两张大表进行关联查询的需求，之前的解决方案无法对用户的收藏按照商品的价格或者热度进行排序。OceanBase抓住了这个业务痛点，并在底层存储引擎层面对这种场景进行针对性设计，消除了传统关系数据库最为耗时的磁盘随机读操作，巧妙地解决了这个问题。另外，收藏夹业务团队给了OceanBase团队极大的支持，一场仗，一颗心，历尽千辛，终于实现了OceanBase数据库的从0到1。

OceanBase的初心是做一个分布式数据库，这就涉及大量复杂的分布式技术，例如一致性协议、分布式事务等。实现一个基本可用的分布式数据库至少需要三年，然而，在互联网公司，一个项目三年没有产出基本意味着终结。因此，OceanBase在技术架构上做了一个折中，将写入操作全部放到一台服务器，从而规避分布式数据库中技术难度最高的事务处理。

经过了一年多的研发，OceanBase先后发布了0.1和0.2两个大版本[1]，每个

1

0.2版本和0.1版本最大的区别在于支持了双集群部署，当主集群出现故障时，备集群能够接替主集群继续提供服务。

大版本又包含若干个更小的迭代版本。由于OceanBase团队注重产品质量和代码细节，因此收藏夹业务团队也将主要人员投入到上线OceanBase涉及的灰度切流、数据比对等工作，因此，整个过程虽然辛苦但还算比较顺利，直到2011年的第一个双11。

从2011年9月份开始，收藏夹的访问量开始明显增大，到了2011年10月中旬，可以断定，如果按照这个趋势发展下去，线上版本扛不住，必须升级到最新版本。因此，在离双11不到一个月的时候，OceanBase团队硬着头皮升级OceanBase。那天是周五，升级后触发了一个Linux内核Direct I/O相关的bug，当访问量较大时有一定概率触发，导致OceanBase主库宕机，备库接替主库服务一段时间后继续宕机，当天收藏夹服务中断多次，直到晚高峰过后才恢复正常。第二天，也就是周六，OceanBase北京团队全体出差到杭州，那天北京雾特别大，飞机晚点，和OceanBase团队的心情一样。刚到杭州，OceanBase团队就开始讨论方案并修改代码，代码经过多人复盘审查并且测试稳定后，再次对线上版本进行了升级，这次升级最终解决了稳定性问题。

万事开头难。双11的洗礼让OceanBase成熟了很多，有了这次经历，OceanBase才开始有点关系数据库的模样了。OceanBase团队也从这次经历中不断反思，越来越多的人开始相信OceanBase有可能成为一个关系数据库。

1.4.3 电商数据库

虽然收藏夹项目取得了成功，但是OceanBase支持的功能还很不全，产品的成熟度也不够。OceanBase采用业务驱动的开发模式，只要业务愿意尝试OceanBase，OceanBase团队就支持，并把相关的需求加入开发功能列表，快速迭代。一般来讲，只要关系数据库（例如MySQL）能够满足需要，业务就不会考虑OceanBase。在这个阶段，OceanBase只是关系数据库的补充，主要用来解决历史库、大用户、实时分析、写入量特别大等传统关系数据库做得不好的场景。OceanBase的开发人员和DBA都会充当数据库售前的角色，只要一有机会就去宣传OceanBase。

淘宝直通车报表是OceanBase投入精力最大的一个项目。广告主通过直通车报表分析投放效果，最大的广告主需要分析的数据量有几千万行，要求在10秒以内返回结果。这是个经典的大数据实时分析问题，业界一直都没有很好的解决方案。OceanBase在0.3/0.4版本对这种场景做了大量的针对性优化，并派出团队内最强的开发人员和业务人员在一起工作，不断调优并以最快的速度响应业务的需求。汇金历史库的数据量非常大，为了尽可能降低成本，OceanBase选择配备SATA硬盘的廉价服务器，想尽一切办法提高数据存储效率。

在各个团队的共同努力下，OceanBase服务了几十个业务，服务器规模也达到数千台。然而，OceanBase团队始终都有一个痛点：没有交易、支付相关的核心业务。只有实现核心业务零的突破，OceanBase才可能真正和传统的关系数据库平起平坐并逐步超越，否则，永远只能是传统关系数据库的补充。2012年底，在王坚博士[1]、振飞[2]、鲁肃[3]等技术领导的努力下，OceanBase团队从当时的淘宝调动到支付宝，开始探索金融核心数据库去Oracle之路。

2012年和2013年，NoSQL非常火，也涌现了很多经典的NoSQL系统，例如HBase、Cassandra、MongoDB等，很多人甚至认为关系数据库会被各种形式的NoSQL系统取代。这些NoSQL系统在可扩展性、性能及灵活性上弥补了一部分关系数据库的不足，而且几乎所有的NoSQL系统都通过牺牲强一致性来获得更好的性能。OceanBase内部也有过一些争论，例如，是否发展成一个单纯用来取代HBase、Cassandra的分布式NoSQL系统。最终，团队充分讨论后一致决定，坚持OceanBase的未来就是通用关系数据库。而作为通用关系数据库，OceanBase必须坚持强一致性，坚持关系数据库的SQL语义，像关系数据库一样易用。

1.4.4 金融数据库

2013年初，OceanBase开始在蚂蚁金服落地，策略是从外围逐步到核心，第一批试点的业务包括无线、金融历史库及会员视图。其中，会员视图是支付链路的一部分，如果出现问题，付款将受到影响。由于之前在电商业务上积累的经验，再加上蚂蚁金服组织和业务人员的极大信任，OceanBase进展顺利。

2013年年底，蚂蚁金服开始做交易去O项目。交易是支付链路最为核心的业务之一，如果出现问题，整个蚂蚁金服都会受到影响。整个项目组，上到蚂蚁金服CTO鲁肃，下到每个一线开发人员，都承受着巨大的压力。项目开始之前，OceanBase还无法完全满足交易业务的需求，例如，无法在理论上保证强一致性、大量不支持SQL的语法、有些场景的性能很差，等等。在传统公司，都是首先有稳定的数据库，业务再基于它

1
王坚博士：历任阿里集团技术部首席架构师、阿里云首席执行官（CEO）、阿里巴巴集团首席技术官（CTO）等职务，现任阿里集团技术委员会主席。

2
振飞：时任阿里巴巴集团技术保障部负责人，阿里巴巴双11总指挥。

3
鲁肃：时任支付宝（蚂蚁金服前身）CTO。

做开发；而在蚂蚁金服，数据库还没有准备好，业务团队、中间件团队和数据库团队并行开发。这个项目真正地做到了一张图、一场仗、一颗心，所有人的目标只有一个：替换Oracle，实现阿里巴巴/蚂蚁金服金融数据库零的突破。最终，项目成果超出了大家的期望，2014年年中，基于OceanBase 0.5开发的新交易系统成功上线并开始灰度切流。2014年双11，原计划OceanBase只服务1%的流量，但是后来发现Oracle交易库容量紧张且OceanBase的性能超出预期，最终决定OceanBase服务10%的流量。为了应对双11，OceanBase团队做了大量准备工作，包括性能容量压测、模拟异常注入测试、业务系统联合数据比对、各种应急预案等，在扛过了双11零点峰值且数据比对全部正确时，团队成员激动得跳了起来，多年的付出终于开花结果。

交易去O项目的成功标志着OceanBase正式成为金融数据库，从此以后，蚂蚁金服全部核心业务都逐步迁移到OceanBase，包括会员、交易、支付、网商银行等。2015年双11，OceanBase支撑了全部交易支付流量。

技术上，OceanBase 0.5最大的亮点在于同时满足强一致性和高可用性。传统关系数据库一般采用主备模式，一台机器为主库，另外一台机器为备库，如果要求强一致性，那么每次事务都要同步到主库和备库，只要任何一台机器故障就不可服务，无法做到高可用。同样，如果做到了高可用，就无法保证强一致性。OceanBase将云计算的分布式选举协议引入传统关系数据库，解决了这个技术难题，通过将服务部署到三个机房，任何一个机房出现故障，另外两个机房都可以通过协商立刻恢复服务，并且完全不丢失数据。这一点对于传统关系数据库是不可想象的。

 云数据库

由于项目周期、开发人员能力所限，OceanBase设计时做了折中，即写入操作只允许在一台服务器进行。另外，为了尽快满足业务需求，OceanBase内核也有部分代码考虑不周，需要进行重构。为此，OceanBase开发了1.x系列云数据库版本。

OceanBase 1.x云数据库版本从2013年初开始做总体设计，2014年交易去O完成后开始编码、测试，2015年年底开始在电商业务做试点，2016年年中正式上线蚂蚁金服核心系统，其中，包括最为核心的账务系统。

从产品的角度看，云数据库具备线性扩展、高可用、低成本等核心优势，并内置多租户支持，兼容MySQL，适合部署在云环境。相比传统的IOE架构[1]，OceanBase能够将成本降低一到两个数量级，并提供更好的扩展性及高可用能力。另外，OceanBase支持平滑迁移，无须业务改造，就可以将原先使用MySQL的业务迁移到OceanBase。这体现了OceanBase团队对内核的自信，MySQL能够平滑迁移到OceanBase也就意味着OceanBase可以平滑迁移到MySQL。OceanBase团队时刻提醒着自己，只要做得不好随时都会被取代。

从技术的角度看，云数据库采用无共享（Share-nothing）的分布式架构，如图1-11所示。

1
传统IOE架构：高端服务器＋高端存储＋高端商业数据软件。常说的去IOE是指摆脱掉IT部署对IBM小型机、Oracle数据库及EMC存储的过度依赖。

- P1 ～ P8：OceanBase将表格按照传统数据库分区表的方式进行分区，并将不同的分区自动调度到不同的服务器。为了实现高可用，P1~P8每个分区都会至少存储三个副本，并且部署到不同的IDC机房。每个分区的副本之间通过Paxox选举协议进行日志同步，跨分区事务通过两阶段提交协议实现。

- ObServer：OceanBase后台的数据库工作机，用来存储数据并执行用户的SQL请求。ObServer之间无共享，每台ObServer只会服务一部分分区。当集群容量不足时，只需要增加ObServer即可。

- ObProxy：OceanBase代理服务器，用户的请求首先发送到ObProxy，再由ObProxy转发给用户请求的数据所在的ObServer。

- RootService：OceanBase会动态地从集群中选出一台ObServer提供总控服务，包括集群服务器管理、负载均衡等全局调度与管控操作。这个总控服务是一个集成在ObServer进程中的模块，称为RootService。

云数据库的核心代码量已经超过了100万行，测试代码超过50万行。2016年双11，云数据库第一次亮相，并承接了蚂蚁金服最为核心的账务系统。OceanBase及相关业务团队严阵以待，并在零点前10分钟举行了神圣的"拜关公"仪式。当然，由于准备充分，再次顺利通过了双11的考验。

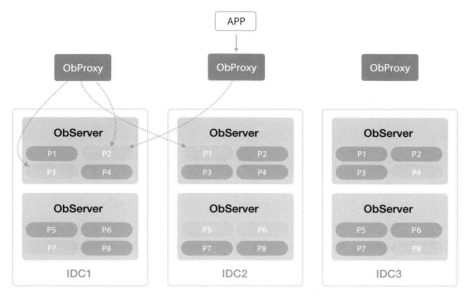

图1-11 OceanBase 1.x整体架构图

 总结

OceanBase从诞生、到电商数据库、再到金融数据库及最终的云数据库，它的发展历程是一个大公司内部创业的历程，同时也是业务需求，尤其是双11推动基础技术变革的历程。OceanBase将云计算技术有机地融入关系数据库领域，实现了更低的成本、更高的可用性和可扩展性，为电商、金融提供了IOE架构之外的另一种选择。目前，OceanBase已经在阿里云对外服务，并邀请了第一批用户试用。相信在不远的将来，OceanBase在阿里云上的外部用户就会超过阿里巴巴/蚂蚁金服的内部用户，从而服务于各行各业，成为优秀的云时代的关系数据库。

1.5 手机淘宝，移动互联网电商新时代

▼执笔人

空蒙：淘宝移动平台移动中间件无线高级技术专家，架构师；

雷曼：淘宝移动平台基础架构部无线高级术专家，客户端架构师。

1

ACCS: Ali Cloud Channel Service, 阿里巴巴的通用基础服务，连接端与云端，为整个移动技术提供底层平台。

2

发版：一般指更新、完善功能，发布新版本。

3

五彩石项目之后形成的架构。

移动浪潮风起云涌，伴随阿里移动业务从无到有，阿里移动互联网技术经历了扬帆起航、鱼与熊掌、脱胎换骨到引领潮流4个阶段，实现了质的飞跃。基于移动的特性，大量业务移动化及历年双11流量持续上涨带来的高可用性等众多挑战，阿里移动架构经历了移动网关标准化、平台化、异步化、去中心化，以及演进出ACCS[1]基础平台架构。同时针对客户端上发版[2]难，而大量业务又需要快速发版的现实冲突，在客户端动态性上从热修复、容器架构、热部署，到Weex引流潮流，阿里移动技术持续前进着。

1.5.1 扬帆起航（2009—2010年）

2009年，集团战略性意识到未来将属于移动，因此专门抽了十几人成立移动技术部门，负责淘宝业务的移动化，即手机淘宝，以及移动相关技术的研究探索，杀入移动这片蓝海当中。

当这些技术人员搬着自己的家当聚在一起，就开始讨论目标是什么，手机淘宝该怎么做，彼时Android、iPhone虽然已经存在，但还在襁褓之中，因此手机淘宝首先做的就是基于PC的通用架构[3]，直接构造Wap 2.0的站点。

手机淘宝的第一版完全基于HTML、XHTML实现，快速地支持了淘宝业务的主流程，用户可以在诺基亚等塞班系统的功能机上访问，同时也进行了kjava的落地。上线后我们无比的高兴，终于有了手机淘宝的门面，移动的地盘。

2009年，第一次双11，当时手机淘宝部门都不知道有这个活动，平淡地就过去了。2010手机淘宝派了一名开发人员代表整个部门，去运维工程师所在部门一起工作，这一年没有什么手机淘宝方面的大事情。

鱼和熊掌（2011—2012年）

2011年，我们内部面临了一个很大的争论，大家多次开会讨论将来的技术发展趋势，到底是用HTML5，还是用客户端Native，这当时在技术界也是个很大的争论，Facebook先选择了HTML5，这是个很大的冲击。拖雷[1]拍板，我们要鱼和熊掌兼得，移动客户端是不能错过的，因此我们开始了客户端的开发。后来Facebook回归到Native，同时在动态性上推出React，当然这是后话，但也证明我们当时的决策是正确的。

Native应用，面临了一次技术选型，和传统PC一样各自业务应用+端的模式搬迁到客户端？这种模式明显对客户端极不友好，因此统一API网关MTOP诞生。MTOP是移动端的标准API网关，实现了不同业务服务对客户端统一标准协议，定义了移动开发的标准协议，这套网关一直延续到现在，见证了手机淘宝及阿里移动业务发展过程。

基于统一API网关实现的Native客户端诞生时，第一波移动化浪潮到来，大量的业务开始进行移动化开发，当时一个口号是PC移动化，把大量的业务搬迁过来，此时MTOP的发展面临了新的瓶颈。因为业务掺杂在API网关当中，大量的业务需求并行开发，MTOP的发布进入了一个疯狂阶段，每个发布日至少四五个需求分支发布，大量的代码合并冲突，这样发展下去必定会阻碍业务的快速发展，因此要尽快实现MTOP平台化。目标明确后，我们得到心石[2]的大力支持，我们立即动手持续奋战了两个月，完成了MTOP平台化，并进行平稳的业务迁移，成了一个真正的平台。这套平台极好地支撑了大量的业务快速发展。

我们也没有放松H5这条路，HTML5、Hybrid、Windvane等技术也在不断演进，实现了鱼和熊掌兼得，Natvie和H5相关技术同时快速发展。

2011年第三次双11，延续以往的模式，手机淘宝继续派出一名技术人员值班，其他成员oncall（随时待命）。2012年双11，虽然手机淘宝的交易占比还不是很高，但比例在快速上涨。这一年手机淘宝团队召集了核心技术成员进行双11值班，团队体会到了双11的热情，流量和机器的CPU一起疯狂地上涨。

脱胎换骨（2013—2014年）

2013年的一件大事是All-in[3]无线，集团集中全力发展移动业务，整个

1
拖雷：当时的手机淘宝技术负责人，Oracle公司认证的OracleACE。

2
心石：移动基础网关与业务负责人，技术全能队长，手机淘宝创始人之一。

3
All-in：是指"全面无线，无线优先"，任何产品和应用优先考虑无线应用，即移动应用。2013年阿里为了加速无线端的发展而从各个部门抽取约10%的人员加入无线事业部。

移动业务快速增长，移动整体技术面临很大的挑战。同时也是我们脱胎换骨的阶段，客户端和服务端的技术都得到蜕变。

1. MTOP异步化

在这波移动化浪潮下，MTOP的流量成倍增长，这时候MTOP的性能面临了巨大的挑战。移动的重要性越来越大，但又不可能拼命加机器，尤其是双11，很多业务的响应速度会变慢，因为MTOP是同步调用，因此性能也急剧下降。我们仔细分析这场景，MTOP完全可以实现异步化调用业务，这样不管后端响应速度如何变化，MTOP的性能都不会随着波动。经过一番技术选型，最终用Servlet 3.0的async技术+HSF的异步和基于NIO的httpasyncclient实现异步化，当时整体性能翻倍，MTOP的性能不再受业务影响。当然Servlet 3.0的async稳定性也经历了一些波折，也是集团内第一次在这么重要的大流量、高并发的技术网关上应用。

伴随All-in，MTOP把集团其他的网关给统一了，当然也是在2012年我们做好了平台化，能够高效地支撑业务发展，移动API网关MTOP正式奠定了江湖地位。

2. 客户端容器架构蜕变（热修复、容器架构、动态部署）

因为All-in，海量业务进入手淘这个航母，客户端的发版特性马上面临了巨大的问题。首先是客户端发布后，发生问题往往无法处理，只能靠继续发版，而且发版存在覆盖率问题，这当然也是HTML5和Native争议的一个热点问题。因此我们开发了热修复技术，利用热修复进行单点代码逻辑的变更替换，用热补丁的方式来修复线上问题，具备了初步的动态能力。

其次，客户端面临大规模团队的敏捷挑战，客户端的发版迅速成为瓶颈。每次的客户端版本发布都是要等所有业务一起打包，大量的业务要集中在一个时间点发布，经常有业务因为各种问题导致发布阻塞，那时候发布版本非常痛苦，所有业务都要赶火车。

为此，2013年底我们开始了一个客户端上架构升级，开发了容器架构，并在2014年的5.20版本发布上线。

整体的容器架构如图1-12所示。简单来说，过去客户端是两层结构：下层是基础库，上层是业务逻辑。现在我们改成三层结构：最下层还会有一部分的基础库；中间层则增加了runtime运行时的容器来调度总线，其中，总线又会分UI、服务、消息，它让不同的模块只去依赖Runtime容器，而不会形成互相的依赖；最上层，我们把每个可以部署的模块称为一个Bundle。我们可以把客户端看成一个完整的工程被拆分成了多个不同的小工程，在这个插件式的体系中，所有的模块可以动态地插拔在这个容器之上。既可以做到在开发时模块之间互不影响，也可以做到在运行时不需要打整包让用户去下载，而只要去下发一个独立Bundle，用户在有Wi-Fi条件时自动下载及动态加载。通过这个机制可以实现所有模块的替换。这是非常大的技术改进。现在，手机淘宝的包有百级别的Bundle可以独立地参与集成。大家可能会很惊讶，我们将组件化做到了极致。

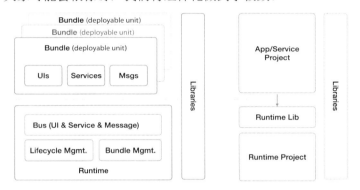

图1-12　客户端整体的容器架构

2014年8月份，南天[1]代表阿里第一次在行业里公布容器化架构，而从2015年开始，移动圈里面讨论最多的就是动态部署、插件化的架构、容器架构如何去运行，越来越多的公司加入这个阵容中。

客户端有了这样的架构后，无论从发布频次、打包效率，还是弹性发布、运维监控上都有了长足的进步。

从2014年开始，手淘Native客户端的功能越来越丰富，同时也有大量的移动场景业务诞生，如淘抢购、有好货、爱逛街等。业务不断丰富的同时，我们敏锐地感觉到，动态能力仅有热修复还远远不够，因此我们完成了动态部署容器的方案设计，让Android端可以动态发布、实现业务模块级别的变更和替换。基于图1-12所展示的容器架构方案近年来也在不断升级，目前不仅可以对整包进行动态部署，也支持了增量式的部署方案。

2013年双11，移动核心技术开发人员在阿里西溪园区1号楼7楼的光明顶[2]远处的一个小会议室度过。虽然我们没有进入核心作战室，但移动的流量已经显现巨大的能力，移动的流量也第一次进行了限流保护，看着机器的CPU上涨曲线，手机淘宝已经呼之欲出。

1
南天：现任阿里集团手淘、优酷技术负责人，一个打过职业篮球联赛、有胸肌的男神。

2
光明顶：阿里西溪园区1号楼7楼的一个会议室，是阿里双11核心作战指挥室。

2014年双11，移动的流量占比迅猛升高，一个显著的待遇差别是，移动技术人员双11值班进入了光明顶——阿里双11技术核心作战室。移动团队在技术上已经做了充分的准备，571亿总成交额中，移动占比达到42.6%，双11是让流量给移动的最好的证明。

1.5.4 引流潮流（2015年以后）

阿里已经真正进入移动互联网时代，双11是移动的战场。

1. Weex[1]

2015年，客户端动态能力上又诞生了杀手锏技术，我们孵化了Weex动态框架。Weex在天施[2]的带领下，走向了Apache开源，引领了行业潮流。

2. ACCS基础平台架构

2014年年底，ACCS项目启动，基于SPDY的双工消息通道+网络通信协议的优化，自主知识产权的slightssl技术，另一方面具有灵活的调度能力，在全国有多个接入点，通过调度模块来选择最优的接入链路和最稳定的连接链路。

ACCS整体架构如图1-13所示，这个架构现在能支持10亿设备的管理能力，同时在线数超过亿级。

1

Weex：阿里的一个移动端动态化框架，详细介绍见4.1。

2

天施：现任移动基础平台负责人，对客户端技术架构、网络有丰富的理解。

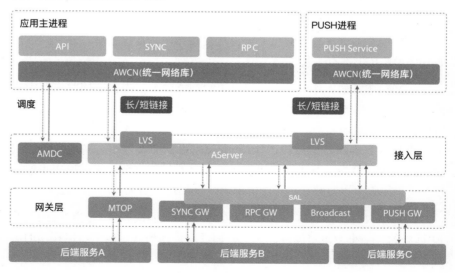

图1-13　ACCS整体架构

2015年4月，ACCS正式上线，手淘的流量迁移到了ACCS上。在ACCS启动后不久，集团做了个决定，要实施全站https，slightssl又一次提前了做好了准备，并且是针对移动网络下大量优化的通用技术解决方案，完美地支持了https项目。另外ACCS为后续技术、业务发展做了很好的支撑，在这个技术上诞生了很多新技术、新产品。基于ACCS，我们提供了基于消息的sync、广播等消息模型的编程模式、移动端RPC等。2016年也是直播年，基于ACCS、直播互动的消息、多维群发技术等新技术如雨后春笋。同样http2.0、hpack、brotli、quic等基础技术都得到验证或者落地，我们引领了行业技术潮流。

3. MTOP去中心化

2015年MTOP还发生了一个大故障，上海机房Tomcat因为断网后大流量冲击全部挂掉，虽然2014年就已经意识到，集中式API网关在流量飞速增长下，单点的风险巨大，当时在讨论做去中心化。没想到这个风险突然爆发，虽然最终查明是因为Tomcat在高并发下的bug，我们也提交了Patch修复，但教训是深刻的，集中式网关出问题影响实在太大了，我们决定做去中心化。

MTOP去中心化，即把MTOP这个统一API网关的功能，包括协议解析、签名安全验证等一系列功能剥离出来，分散到各个业务应用。当时距离双11已经很近了，因此我们选取了交易的几个核心应用实施。为什么这么突进？因为有成本因素的考虑，双11场景是零点高峰大流量，大量的交易下单，我们要保障交易链路的独立、安全、可靠，同时也可以节约大量机器。

2015年双11，有惊无险地度过，交易做了去中心化。所以双11复盘后，我们定了个目标，2016年继续去中心化，MTOP机器零添加。

2016年我们改进了去中心化架构，提升了运维能力，解放了我们自己，移动双11技术值班人员也站稳光明顶，真正的移动互联网时代已经来临。双11零点，嗑着瓜子看着数据，鼓着掌平稳度过。MTOP集群的机器数在业务大涨时，资源反而大大减少。

1.5.5　总结

移动互联网是个弄潮儿的时代，阿里移动技术在行业内持续领先，从最初的Wap2.0，到实现基础的移动业务支撑，从业务快速移动化催生

MTOP平台化，从大流量及高可用要求进入异步化、去中心化，从分散的技术点到现在ACCS基础移动平台架构，以及客户端的动态性从热修复、容器架构、热部署到Weex引流行业技术潮流，阿里移动技术为集团乃至业界不断地输出，让业务更快地在移动互联网落地，让开发更高效，让用户获得更流畅的体验。阿里移动技术将与双11一起继续成长，为新零售、新商业文明奠定坚实的技术基础。

1.6 蚂蚁技术架构演进

▼执笔人
阿玺：蚂蚁金服首席技术架构师；
马良：蚂蚁金服技术合作与发展部，高级技术发展专家。

2016年双11 0点9分39秒，支付宝的支付峰值达到12万笔/秒，是2015年的1.4倍，刷新了2015年创下的峰值纪录。并且，用手机参加双11成了常态，前10分钟里，支付宝的移动支付笔数占比达92%，支付方式已经基本完成了从PC端到移动端的迁移。在支付方式的选择上，花呗和余额宝成为非常受网友欢迎的支付方式，笔数占比分别高达29%和18%。如今蚂蚁的系统不仅要服务8亿互联网用户支付场景需求，还要面临每年一次大考："双11大促"，在这一天系统往往会承受超出日常数倍流量的冲击（如图1-14所示）。面对这样的压力，我们是如何设计系统架构的？如何确保系统的稳定性？如何确保系统容量的可伸缩性？

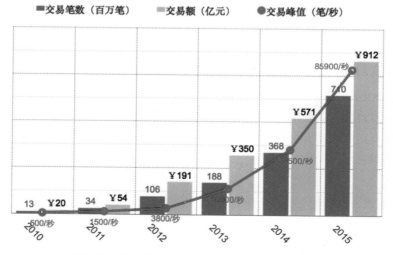

图1-14　蚂蚁系统每年支付能力的增长与对比

1.6.1 支付宝系统发展史

支付宝最初只服务于淘宝网，并仅仅提供一项功能——担保交易和支付的功能。到2005年支付宝不仅服务于淘宝网，还要服务于整个互联网的电子商务支付。2006年，支付宝开始用3年时间逐步搭建起第二代架构。在这个架构的支撑下，支付宝可以将应用场景便捷地拓展到各行各业，从电子商务领域逐步向生活领域、个人应用领域拓展，整个后台技术体系趋于完善。交易笔数可支撑50万笔/天，百万级代码量，约百人技术团队。

而后随着2010年双11的来临，系统处理3000多万笔交易，系统的处理能力瞬间被撑大到平时的3倍以上，架构能力被发挥到了极致。蚂蚁金服CTO鲁肃清楚地记得"那是一个非常非常非常惊险的一天"。凌晨第一个高峰飙起来后，所有人开始不断解决各种各样的问题，所有人处于精神高度紧绷的状态，最后大促快结束时，有一个数据库只有30秒的挽救时间，依赖技术人员的决策，挽救了这个数据库和整个系统服务。

"大促之后，大家非常兴奋地庆祝，将香槟洒在每个人身上。"鲁肃表示，"同时我们也看到，这一代架构必须往前走，现在它已经走不下去，千万已是极限。"那时技术团队开始提出做云支付平台。回过头来看，技术团队已经经历了第一代烟囱式的架构、第二代SOA架构，现在开始第三代的云支付，此时我们的架构构建能力已经非常熟练，只用了三到六个月时间，制订了一个整体长达三年的前瞻性架构规划。通过对架构进行划分和分解，由若干项目群进行持续三年的运作，最终在2013年成功构建起了云支付架构。2013年双11大促，这个架构从最初仅能支撑2010年3000多万笔交易，扩展到支持1.88亿笔交易，正式宣告了第三代架构的封顶工作已经完成。值得指出的是，为了检验和提升架构的能力，技术团队将双11大促视为每年一次重大的机会加以利用。

而到了2016年的双11，全天完成交易支付笔数为10.5亿笔，支付峰值12万/笔/秒。除了创造了新的支付纪录外，2016年技术架构上也有很多突破和创新，我们升级弹性架构，使大促50%流量基于云计算资源弹性伸缩，全站升级OceanBase 1.0架构并且覆盖了全部关键链路DB……

伴随着蚂蚁金服在新金融领域的探索，蚂蚁金服技术团队也在金融技术与架构领域不断开拓。业务也从单一的支付到覆盖微贷、理财、保险、信用、银行等，通过十多年的探索与实践，形成了一套包含金融级分布式交易、分布式大数据分析与决策等在内的完整架构与技术体系，如图1-15所示。

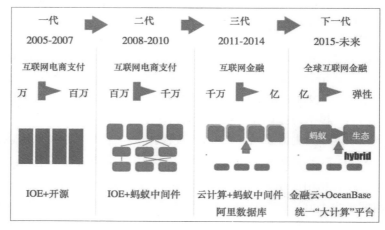

图1-15　蚂蚁技术架构发展历程

1.6.2　金融级系统的关键目标

　　如果将建造系统比作盖楼，建一个常规的系统要先立稳四根柱子：高可用、安全、性能、成本。但要建一个移动互联网时代的金融级大厦，则需要更加牢固，要加上两根柱子：资金安全与数据质量。 这六根柱子是我们在架构蚂蚁金服每一个系统时的首要目标。

- **高可用**：具备 99.99% 以上的高可用性。系统能够容忍各种软硬件设施的故障，可以在服务不中断的情况下进行升级，在严苛的应用场景下保证承诺的服务质量，容忍各种人为失误。对于关键系统，还需要具备异地容灾能力。

- **安全**：具备多层次检测、感知与防御各类安全攻击的能力。系统有能力实时、精细地分析系统行为与数据流异常，必要时可以快速调集资源阻断大规模、有组织的攻击。

- **性能**：对于实时交易业务，要求响应时间极快且并发能力极高。对于批量业务，要求吞吐量极大。尤其重要的是，系统可伸缩性与弹性必须很强，需要时可以快速调集资源应对突发的业务量。

- **成本**：在满足高可用、安全与性能的前提下，成本是一个重要约束。我们将单笔交易平均处理成本[1]及峰值交易处理成本[2]作为两个关键指标去持续优化。除了必须在基础软硬件与系统关键链路上做极致的优化外，灵活的资源调度与按需伸缩能力是降低成本的关键。

1
单笔平均处理成本＝月交易总笔数÷月成本。

2
峰值交易处理成本：指每提升1000交易TPS（事务数/秒）需要追加的成本。

- **资金安全**：这是金融级系统与常规系统的一个关键差异。要做到资金处理绝对不出差错，需要交易与数据具备强一致性，需要在任何故障场景数据不丢不错，需要具备准实时的交易资金核对能力，需要在异常场景下有精细化熔断与快速恢复能力。

- **数据质量**：数据质量是金融服务质量的基础。数据从采集、生成、流转、存储、计算到使用需要经历很多环节，要确保经过这么多环节后，数据依然是准确、完整和及时的，需要系统具备全链路的数据质量管控与治理能力。

金融交易系统是否可以走分布式路线？如何基于分布式的思想与技术达到以上六个关键目标？接下来以蚂蚁金服的实践为基础，分享一下我们对这个问题的观点。

1.6.3　分布式金融交易架构与技术

1. 强一致的微服务

交易架构服务是一种广泛应用的分布式架构。通过将系统分解为单一职责、高内聚、松耦合、独立部署、自主运行的"微"服务，可以极大提升系统的灵活性与扩展能力。但由于每一个服务是自包含的数据与计算单元，当一个有严格一致性要求的交易被分布在很多节点上执行时，如何保证数据与服务处理达到金融级的强一致性，成了一个难题。尽管可以用支持分布式事务的数据库或数据中间件来保证数据分布时的一致性，但解决不了当服务分布时的一致性问题。由于分布式事务对资源加锁的时间长、粒度大，也制约了系统的可伸缩性与高可用性。

为了解决这个难题，我们提出一种使微服务具备强一致性的微交易架构。从2008年初上线至今，微交易架构已经应用到蚂蚁金服的各种金融业务场景，经历过历次大促高峰考验，证明了这套架构与技术的可行性。

2. 金融级分布式数据库：OceanBase[1]

目前，主要商业数据库本质上是单机系统，其容量、性能和可靠性均依赖于单个或少量高性能服务器与高可靠存储的组合，成本高昂且扩展困难。尽管通过运用微交易架构，可以将对数据操作的压力分拆到多个数据库，解决水平可扩展的问题，但数据库本身的性能、成本与可靠性依然是一个难点。因此，阿里巴巴与蚂蚁金服从 2010 年起，开始研发专门的金融

1
OceanBase、
异地多活、混
合云在本章前
面的内容中都
有详细介绍，
本节只讲它们
在蚂蚁的发展
过程。

级数据库OceanBase。目前 OceanBase 已经稳定支撑了支付宝的核心交易、支付与账务，支撑了网商银行的核心系统，经历了多次双11的考验，形成了跨机房、跨区域部署的高可用架构，并在日常运行、应急演练和容灾切换中发挥了重要作用。

3. 异地多活与容灾：单元化架构

"两地三中心"是一种在金融系统中广泛应用的跨数据中心扩展与跨地区容灾部署模式，但也存在一些问题：在扩展能力上，由于跨地区的备份中心不承载核心业务，不能解决核心业务跨地区扩展的问题；在成本上，灾备系统仅在容灾时使用，资源利用率低，成本较高；在容灾能力上，由于灾备系统冷备等待，容灾时可用性低，切换风险较大。

因此，蚂蚁金服没有选择"两地三中心"部署模式，而是实现了异地多活与容灾模式。异地多活与容灾架构的基础是对系统进行单元化。每个单元可以认为是一个缩小规模的、包含从接入网关、应用服务到数据存储的全功能系统。每个单元负责一定比例的数据与用户访问，有以下关键特性。

- **自包含性**：比如用户的一次账户充值交易，涉及的所有计算与数据都在一个单元内完成。

- **松耦合性**：跨单元之间只能进行服务调用，不能直接访问数据库或其他存储。对于一些必须跨单元的交易处理，比如分属于两个不同单元的用户之间的转账交易，跨单元的服务调用次数尽可能少，在业务与用户体验允许的情况下尽量异步处理。这样，即使两个单元之间相距上千千米，也可以容忍跨单元的访问时延。

- **故障独立性**：一个单元内的故障，不会传播到其他单元。

- **容灾性**：单元之间相互备份，确保每个单元在同城和异地都有可在故障期间进行接管的单元。数据在单元间的备份方式，我们以OceanBase 提供的多地多中心强一致方案为主。

通过单元化架构，能够将一个大规模系统拆分成许多个相对独立的小规模系统，每一个单元系统可以部署到任何地区的数据中心，从而实现了灵活的异地多数据中心部署模式。系统的主要伸缩模式变成单元的增减，但一个单元内部的规模与复杂性不变，降低了系统的复杂性。单元之间的故障隔离，降低了软硬件故障的影响面。"活"的单元和跨单元的快速切换能力，使同城异地的容灾处理更为简单高效。

目前，蚂蚁金服的核心系统已经分布在上海、深圳、杭州等多个城市的多个数据中心，核心交易流量分布在各个数据中心，并且可以进行调度与切换。通过异地多活，系统可以在全国范围内任意扩展，服务器资源得到了充分利用，提升了系统应对地区级灾难的能力。

4. 按需伸缩：弹性混合云架构

每年支付宝系统都要应对双11、新春红包等活动的极高交易量。尽管单元化架构让我们具备应对峰值的能力，但要降低高峰期的资源投入，系统还需具备按需伸缩的能力。

我们解决这个问题的方法是，活动前在云计算平台快速申请资源，构建新的单元、部署应用与数据库。然后将流量与数据"弹出"到新的单元，快速提升系统容量。当活动结束后，再将流量与数据"弹回"，释放云计算平台上的资源。

通过这种方式，可以大大降低资源采购与运行成本。弹性操作，需要在流量、数据与资源之间协调一致地操作，尤其是有状态的数据的弹性操作最困难，既不能不中断业务，又要保证数据的一致性。这些操作如果依靠运维人员人工执行则会十分复杂低效，因而需要架构、中间件与管控系统的支持。

基于弹性混合云架构，2015 年双11，支付宝有 10% 的支付流量运行在阿里云计算平台上。2016 年双11，我们已将50%的高峰期支付流量运行在阿里云计算平台上，带来成本的极大优化。目前蚂蚁金服架构与技术体系如图1-16所示。

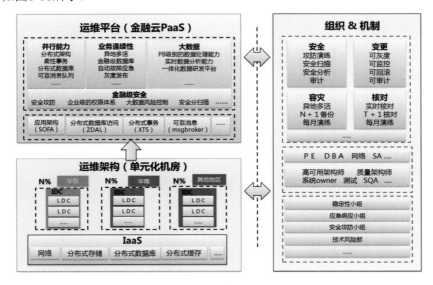

图1-16 蚂蚁金服架构与技术体系

1.6.4 未来展望与期待

蚂蚁金服的实践证明了在金融级中间件、数据库和云计算平台的支持下，分布式架构可以完全胜任复杂、高要求的金融级交易，并且给出了一种可供参考的技术架构与实施路线。未来，蚂蚁金服依然会在金融级分布式架构与技术方面深耕与拓荒。在这一领域，我们给自己提出了两个新的重大命题。

其一，如何处理每秒 1 亿笔交易。万物互联时代，无处不在的交易终端和无数新的交易场景，会继续带来金融交易量的指数级增长。什么样的架构与技术，可以处理万物互联时代的天量交易，是需要未雨绸缪去攻坚与突破的。

其二，将金融级分布式架构与技术变成"普惠"的云计算服务，为千千万万金融服务机构服务。为了实现这个目标，蚂蚁金服和阿里云共同提出了"蚂云计划"，共建新一代的金融云平台，未来服务全球 5 万家金融机构，共创全球化的普惠金融。

第2章

稳定，双11的生命线

　　规模和场景是驱动技术发展的关键要素。阿里做了八年双11，见证了电商交易的飞速发展，八年里日交易额增长超过200倍，交易峰值增长超过400倍，系统复杂度和大促支撑难度更是以指数级攀升。支撑双11最大的困难就在于零点峰值的稳定性保障。面对这种世界级的场景、独一无二的挑战，我们建设了大量高可用技术产品，形成了全链路一体化的解决方案，用更加逼真和自动的方式，去评估、优化和保护整个技术链条，确保双11的稳定性。

　　其中产出了像"全链路压测"这种世界级的技术创新，成为大促备战的"核武器"，对于业界大流量冲击下的系统稳定性保障具有很强的指导意义；同时，打造了CSP容量规划系统，可以轻松地完成系统资源分配和容量准备；研发了BCP系统，推动电商交易从系统可用性到业务正确性的升级；研发了全链路功能产品，提前开始狂欢盛宴，保障核心交易链路上功能的正确性；用系统自动化备战，大幅减少了人力、时间、机器资源方面的成本，轻松做大促；研发了故障演练，成为系统稳定性的问题探测仪；洪峰流量会超出集群的极限处理能力，系统自我保护成为稳定性的最后一道屏障。

　　有了这一整套方案，让双11在成本、用户体验和最大吞吐量之间取得了一个平衡，让业务系统在洪峰流量的巨大压力下屹立不倒，最大化地为用户提供稳定可靠的服务。

2.1　容量规划，资源分配的指南针

▶执笔人
游骥：阿里巴巴中间件技术部高级技术专家，容量规划、全链路压测、线上管控等稳定性体系负责人；
倚梦：阿里巴巴中间件技术部资深开发工程师，容量规划负责人。

阿里有着非常丰富的业务形态，众所周知的如淘宝、天猫、聚划算、菜鸟等，每一块业务背后都有几十个甚至上几百个与之对应的业务系统，每个业务系统都部署在多台服务器上。在如此庞大的分布式系统架构下，该为每一个业务系统分配多少机器，什么时候需要加机器，什么时候需要减机器，该加多少机器，减多少机器，成为一大技术挑战。容量规划就好比一个天平，如图2-1所示。天平的一端是成本，我们需要尽可能地用较少的机器来支撑好业务；天平的另一端是稳定性，在成本尽可能低的情况下，各个系统都跑在一个合适的"水位"，既能保障业务的正常运转，又不出现局部的资源浪费。

图2-1　容量规划天平

在不同的业务阶段，系统对容量规划的需求也不同，随着业务的快速发展，CSP[1]容量规划同样经历了几次大的演进，如图2-2所示。从最初的人工估算容量演变到通过性能压测评估容量，随后再一次进化到直接在线上压测评估容量，最后通过全链路压测来验证容量。

1
CSP:
Continuously
Stable Platform,
持续稳定性平台，为线上应用稳定运行提供一系列的保障。

人工估算	线下性能压测	线上压测	全链路压测
Excel	性能测试	模拟请求 复制请求 引流	模拟大促
2009	2010	2011	2013

图2-2　CSP容量规划演进路线

2.1.1 人工估算容量（2009年之前）

在2009年之前，阿里的业务规模比起今天简直是九牛一毛，那个时候也没有双11，没有6.18、9.9等各种大促小促，各个业务系统全年365天的流量变化都不会太大，那时候我们的容量规划主要通过人工估算的方式来完成。将各个系统的负责人聚在一起开个会，将信息汇总到Excel表格，花个半天、一天的时间就把容量规划的机器预算给定下来了。各系统通常都留了比较大的机器冗余，业务的流量也不大，即使估算得不准也不会造成大的业务影响。

2.1.2 线下性能压测评估容量（2009—2010年）

2009年，阿里第一次搞双11，虽然那时双11的业务量级还不够2016年双11峰值的零头，却直接给我们的系统来了个"下马威"。2009年11月11日0点0分0秒刚过，一瞬间流量如洪水般地涌了进来，意想不到的事情紧接着发生了，我们的部分业务系统几乎要被打挂，同时还有一部分业务系统的负载却非常低，丝毫没有压力。对于即将要被打挂的系统，用户访问时非常慢、页面的响应时间超过5秒，严重影响用户的购物体验。

2009年的双11总结，对双11零点出现的问题进行一一复盘，其中系统容量的问题被重点关注，我们第一次提出做一个容量规划平台的想法：在双11等大促场景下，如何给不同的业务系统分配合理的机器数，保证既不出现应用被打挂，也不出现应用资源没有压力、资源浪费的现象。在此之前，我们的容量规划完全依靠人为的经验进行估算，这种估算的误差随着业务架构的复杂性逐级累积，最终谬以千里。

2010年我们着手开发一套系统化的容量规划平台，容量计算的公式（如图2-3所示）被第一次提了出来，在公式里有两个至关重要的变量：预估业务量级[1]与单机能力[2]。

[1] 预估业务量级：代表对系统调用量的估算。

[2] 单机能力：代表单台机器最大的服务能力。

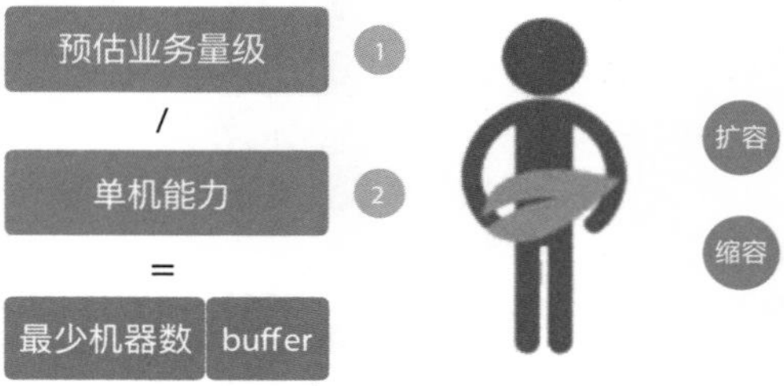

图2-3　容量规划公式

容量规划公式理解起来并不复杂，预估业务量级除以单台机器的服务能力得到业务系统所需要的最小机器数，最小机器数作为理论的机器数下限，加上一个Buffer（冗余）值确保万无一失，得出最终需要准备的机器数。预估业务量级为对双11等业务场景下的业务系统调用量的一个预计值，比如双11零点同时会有多少人访问商品详情、有多少人访问我的购物车、有多少人下单、有多少人付款等，预估业务量级我们通过BI（商业智能）的分析，结合相应的预测算法就能够拿到比较准确的值。

单台机器的服务能力相对就没那么好拿到了，在2010年容量规划平台的1.0版本中，单机能力的获取主要通过线下的性能测试来获取。我们当时已经拥有非常成熟的线下性能测试环境，于是在性能测试环境下对各个业务系统逐个进行性能测试，获得了每个业务系统的单机能力值。解决了两个关键变量的值后，CSP容量规划平台正式登上阿里的技术舞台，在2010年我们完成了从人工容量规划到系统化容量规划的过渡。

2.1.3 线上压测评估容量（2011—2013年）

CSP容量规划平台上线之后立刻在当年的双11中起到立竿见影的效果，相对于之前纯人工的容量规划模式，不但节省了人力成本，更重要的是通过数据计算的方式取代了传统的经验预估方式，使得容量规划的准确性大幅提升。一开始我们只是在核心交易系统使用CSP容量规划平台，因为效果显著，越来越多的业务系统接入进来，CSP容量规划逐渐成为阿里集团容量规划的标准。

2011年一个寒冬的凌晨，商品详情的研发人员在睡梦中被报警短信[1]惊醒，赶紧摸起眼镜，衣服都顾不上穿就打开电脑。原来是线上出现了一次大规模的恶意攻击，我们按性能压测的单机能力配置好了限流阈值为1000，系统却在每秒800的请求量时就已经促发了大量的报警，这次突发的流量冲击虽然没有给业务带来大的影响，却给CSP容量规划平台带了更多的思考。我们发现辛辛苦苦在性能测试环境做性能测试拿到的"单机能力"值并没有那么精准。经分析原因有两个：一方面线下性能测试构造的业务场景非常单一，与真实的用户场景相差甚远；另一方面线下的机型、依赖环境也跟线上真实环境截然不同。既然线下性能测试获取单机服务能力的方式不具备参考价值，有没有其他办法获取到更精准的单机能力值？很快一个非常大胆而疯狂的想法冒了出来，是否可以将单机能力的获取直接搬到线上的生产环境去做？

[1] 系统负载超过了告警阈值。

该想法刚提出来就受到不少质疑，最大的质疑声主要体现在：线上环境是真实为用户提供服务的环境，在上面直接进行压测万一压挂了怎么办？可是不在线上进行压测我们就无法拿到精确的单机能力值，拿不到精确的单机能力值就无法做准确的容量规划。在反复的会议讨论之后我们最终达成一致：线上压测绝对不能影响到用户体验，需要做到安全和风险严格可控，对整个压测流程进行精准的控制和实时的监控[1]，对异常情况进行完备的容灾[2]。说到这里不得不提一下阿里技术土壤的开放性，任何好的创新和想法，都能在阿里的技术生态中生根发芽，否则线上压测评估容量直接被拍死，也就不会有本节内容了。

为了获取到更加精准的单台机器服务能力值，在线上压力测试的模式上我们进行了非常多的探索，积累了不少经验，这些经验后续为业界的容量规划树立了典范。下面分三个阶段分别介绍这些经验。

1. 线上模拟压力测试获取单机能力阶段

线上模拟压力测试对线上应用系统发起模拟调用。模拟请求保障了环境的真实性，能够很大程度提升单机能力的准确性。线上模拟压力测试操作起来比较便捷，能够借助的工具也非常多。Apache ab、Httpload、Webbench、Siege等都是非常轻量级、简单方便的工具，缺点是仅能提供Web服务压测，对于复杂请求的模拟能力有限。Jmeter、LoadRunner等具备复杂请求的模拟能力，同时支持多协议，有操控UI和比较详细的分析报表，相比前面几种工具略微偏重，有一定的学习、使用成本。对于有特定场景的模拟请求我们通过自己实现压测工具的方式来完成，好处是可以做我们想做的任何事情，代价是需要一定的自研成本。

模拟请求线上压测在一定程度上提升了单机能力的准确性，然后大部分场景下模拟的请求跟线上真实的访问请求存在差异[3]，场景的不真实会在一定程度上影响压力测试的准确性。此外，模拟请求还有一个不足：对于复杂请求（比如要登录）和写请求（要考虑脏数据）的模拟有一定的难度，需要额外的代价来解决复杂请求的模拟。模拟请求通常用于新上线或者调用量级非常小的业务系统。

2. 线上流量复制压力测试获取单机能力阶段

线上模拟压力测试解决了压测环境的真实性问题，却没有完全解决流量真实性的问题，如果能做到流量和环境都是真实的，通过线上压力测试拿到的单机能力才更具说服力。在线上压测的第二个阶段，我们尝试了流

1
一旦压测到事先设定好的系统负载，立即停止压测。

2
避免任何异常情况影响到正常的用户体验。

3
直接拿系统访问日志进行模拟回放的场景除外。

量复制的方式。

线上流量复制是将线上某一台机器的流量扩大N倍复制到压测的目标机器，当线上机器的流量非常低时，复制N倍流量还能够有效地将流量进行放大。线上流量复制压力测试主要用到了Nginx的post_action、tcpcopy、tcpdump回放等一些基础技术。线上复制对于非幂等请求和写请求会存在问题，对此我们进行了一项非常有趣的尝试。事先用tcpdump抓好系统调用的包，对抓好的包进行request和response的解析，然后在压测机器上对抓好的包进行请求回放，并且将压测机器所有对外的调用都统一请求到我们的proxy服务器，由proxy服务器给出正确的response。

线上流量复制解决了流量的真实性问题，所以能拿到非常准确的单机能力值。代价有两点：第一，需要一台额外的不提供服务的压测目标机器，增加了额外的成本；第二，流量复制的整个操作流程复杂性比较高。

3. 线上引流压力测试获取单机能力阶段

针对流量复制带来的复杂性和成本问题，我们继续去探索一种既精准又方便快捷的线上压测模式。阿里的业务系统都是分布式架构，一个业务系统由若干机器同时提供服务，如果能够把分布式环境的流量比较集中地调用到某一台机器，就能起到压测一台机器的目的！于是线上引流压力测试的模式被提了出来。

引流的方式有两种（如图2-4所示）：第一种是把分布式系统中不同机器的流量转发到其中某一台机器来进行压测；第二种是在负载均衡端进行流量权重的调节，使流量更多地分配到某一台机器来完成压测。

图2-4　两种引流的方式

第一种模式需要系统具备请求转发的能力，优点是影响面非常小，哪怕操作失误，也只会影响到参与引流的机器，缺点是需要一台一台机器引，效率略低；第二种模式在全局的负载均衡环境进行权重调节，优点是调整非常快捷，缺点是影响面比较大，调错了将可能导致严重的后果。线上引流压力测试具备了用完全真实的流量在真实的环境获取到非常精准的单机能力值，阿里大部分应用也是通过线上引流压测的方式来获取单台机器的服务能力的。线上引流压力测试还支持对引流的流量进行按比例筛选和过滤，能够有针对性地进行特定流量配比的压力测试。

线上引流压力测试的两种模式实现方式非常多样化：负载均衡权重调节的方式依赖着负载均衡设备的权重调整功能模块，对于F5[1]、LVS[2]、SOA[3]服务注册中心等方式的业务系统均可以通过这种方式来完成压力测试；请求的转发方式在阿里主要通过apache mod_jk、apache mod_proxy、Nginx 反向代理等基础技术实施。

线上引流压力测试使得阿里大部分业务系统能够获取到非常精准的线上单机能力，是目前使用得最广泛的一种线上单机压测模式。

2.1.4 全链路压测阶段（2013以后）

CSP容量规划从单个系统的维度解决了容量的问题，系统容量的准备到底做得怎么样？是否能够承担预计的业务访问量？依旧充满太多不确定性。大促就好像一次高考，容量规划就好比学生对各门学科进行备考，备考完了其实学生的心里依旧是没有底的，这个时候我们通常要进行几次"模拟考试"，全链路压测就是对阿里大促备战的"模拟考试"！2013年全链路压测平台的诞生意味着容量从规划到验证，形成了一套完整的闭环。

2.1.5 总结

容量规划的本质是资源管理，渗透在人类社会的方方面面。比如我们要建一座楼，在工期确定的情况下，需要雇佣多少工人来干活。我们除了需要对建这座楼的每一个环节的工作量有一个预计，还需要精准地知道不同工种工人每天的工作能力，最终才知道需要雇佣多少个工人。在互联网飞速发展的今天，互联网企业的业务爆炸式增长，单台服务器早已无法满足业务的需求，分布式的技术无处不在，容量规划是分布式架构的核心课题之一。CSP容量规划平台从业务流量的预测到机器资源的预估，提供了一整套系统化、自动化的解决方案，从容量的维度以最低的成本保障了阿里业务的稳定性。

1
F5：指F5-BIG-IP-GTM，即全球流量管理器，F5 Networks的公司开发的四～七层交换机。

2
LVS：Linux Virtual Server，即 Linux 虚拟服务器，是一个虚拟的服务器集群系统。

3
SOA：Service-Oriented Architecture，即面向服务的架构。

2.2 全链路压测，大促备战的核武器

▼执笔人
游骥：阿里巴巴中间件技术部高级技术专家，容量规划、全链路压测、线上管控等稳定性体系负责人；

隐寒：阿里巴巴中间件技术部高可用架构技术专家，全链路压测负责人。

全链路压测被誉为大促备战的"核武器"。如果之前关注过阿里双11相关的技术总结，对全链路压测一定不会陌生，这个词的出场率几乎是100%，从对双11稳定性的价值来看，用"核武器"来形容全链路压测毫不为过。

2.2.1 背景

历年的双11备战过程中，最大的困难在于评估从用户登录到完成购买的整个链条中，核心页面和交易支付的实际承载能力。自2009年第一次双11以来，每年双11的业务规模增长迅速，零点的峰值流量带给我们的不确定性越来越大。2010年，我们上线了容量规划平台从单个点的维度解决了容量规划的问题，然而在进行单点容量规划的时候，有一个前提条件：下游依赖的服务状态是非常好的。实际情况并非如此，双11 零点到来时，从CDN到接入层、前端应用、后端服务、缓存、存储、中间件整个链路都面临着巨大流量，这时应用的服务状态除了受自身影响，还会受到环境影响，并且影响面会继续传递到上游，哪怕一个环节出现一点误差，误差在上下游经过几层累积后会造成什么影响谁都无法确定。所以除了事先进行容量规划，还需要建立起一套验证机制，来验证我们各个环节的准备都是符合预期的。验证的最佳方法就是让事件提前发生，如果我们的系统能够提前经历几次双11，容量的不确定性问题也就解决了。全链路压测的诞生就解决了容量的确定性问题！

2.2.2 全链路压测1.0从无到有

提前对双11进行模拟听起来就不简单，毕竟双11的规模和复杂性都是空前的，要将双11提前模拟出来，难度可想而知：

- 跟双11相关的业务系统有上百个，并且牵涉整条链路上所有的基础设施和中间件，如何确保压测流量能够通畅无阻，没有死角？

- 压测的数据怎么构造（亿万级的商品和用户），数据模型如何与双11贴近？

- 全链路压测直接在线上的真实环境进行双11模拟，怎样来保证对线上无影响？

- 双11是一个上亿用户参与的盛大活动，所带来的巨大流量要怎样制作出来？

1
叔同：高可用
架构&运维产
品&基础产品
团队负责人、
资深技术专
家。

2013年8月中旬，当时高可用架构团队的负责人叔同[1]接下了这个巨大的挑战：打造一套全链路压测平台。平台需要在2013年双11之前上线，错过了这个时间点，我们就必须再等一年。从立项到双11，留给我们的时间只有短短两个多月，时间非常紧，我们需要在这么短的时间里应对一系列历史级的挑战。2013年阿里搬到西溪园区，其他同学都是搬到新工位，全链路压测项目组直接搬到了项目室，进行闭关攻坚。

1. 业务改造升级

2013年核心交易链路就有几十条，牵涉多个BU的几百位研发人员，这些业务链路绝大部分是没法直接压测的，需要进行相应的业务改造和中间件的升级。推动几百号人在短时间之内完成业务的改造在很多公司几乎是不可能完成的，何况还牵涉中间件的升级，中间件的升级一般会有一个相对比较长的周期，有不少业务系统的中间件版本都非常古老（5年前的版本），需要确保无风险直接升级到最新版本。

2
复杂的业务会
经过几十个系
统。

在业务端我们需要逐条链路进行一一梳理，从请求进来的系统到请求的最后一个环节[2]，每一个有阻压测流量往下走的地方都进行特殊的逻辑改造。改造的业务点牵涉100多个，包括登录验证码、安全策略、业务流程校验等。在基础设施和中间件上，我们需要让业务系统的代码尽可能不需要修改，通用的技术通过基础设施和中间件来屏蔽掉，比如压测流量的标识怎样在整个请求的生命周期中一直流转下去，怎样来对非法的请求进行拦截处理。

参与全链路压测改造的技术人员体现了良好的协作精神和执行力，为了同一个目标齐头并进、相互补位，原本认为几乎不可能的事情，最终在一个月内完成了相应的业务改造和中间件升级。

2. 数据构造

数据构造有两个核心点：

- 双11的买家、卖家、商品数量都非常庞大，需要构造同数量级的业务数据；
- 需要确保业务数据的模型尽可能贴近双11零点的真实场景，否则全链路压测结果的误差会比较大，参考的价值将会大打折扣。

为此我们专门搭建了全链路压测的数据构造平台，对业务模型进行系统化的管理，同时完成海量业务数据的自动化构造，如图2-5所示。

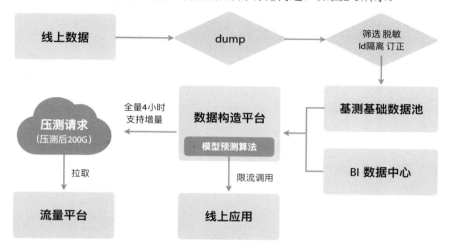

图2-5　全链路压测的数据构造平台

数据构造平台以线上数据为基础，借助数据dump[1]工具进行数据的抽取，并对关键数据进行相应的处理（脱敏、订正等）后进入基础数据池备用。基础数据池是压测数据的超集，具体压测数据的构造基于基础数据集进行数据的再加工。

除了需要有足够量级的数据，我们要解决的另一个问题是数据的模型应该是怎样的。借助BI工具结合预测算法对数据进行筛选建模，并结合每一年双11的业务玩法进行修订，产出一份最终的业务模型。业务模型的因子牵涉几百个业务指标，包含买家数、买家类型、卖家数、卖家类型、优惠种类、优惠比例、购物车商品数、BC比例、移动PC比例、业务的量级等。

3. 数据隔离

全链路压测要不要做数据隔离、怎样来做数据隔离，在项目立项阶段经过了非常多的讨论甚至争吵。在最开始的时候，我们想做逻辑隔离，直

1

dump：在特定时刻，将储存装置或储存装置之某部分的内容记录在另一储存装置中。

接把测试数据和正常数据写到一起，通过特殊的标识区分开，这个方案很快就被放弃了：线上数据的安全性和完整性不能被破坏。接下来我们提出了另一个方案，在所有写数据的地方做mock[1]，并不真正写进去，这个方案不会对线上产生污染，但评估时还是被放弃了：mock对压测结果的准确性会产生干扰，而我们需要一个最贴近实际行为的压测结果。

经过反复讨论，最终我们找到了一个既不污染线上，又能保障压测结果准确性的方案：在所有写数据的地方对压测流量进行识别，判断一旦是压测流量的写，就写到隔离的位置，包括存储、缓存、搜索引擎等。

4. 流量构造

双11是一场"剁手党"的狂欢，零点的峰值流量是平时高峰的几百倍，每秒几百万次的请求如何构造同样成为大难题。我们尝试通过浏览器引擎或者一些开源压测工具的方式来模拟用户请求，经过实际测试，要制作出双11规模的用户流量，浏览器引擎和开源压测工具需要准备几十万台服务器的规模，成本是无法接受的，并且在集群控制、请求定制上存在不少限制。既然没有现成的工具可以使用，我们只好选择自己研发一套全链路压测流量平台，如图2-6所示。

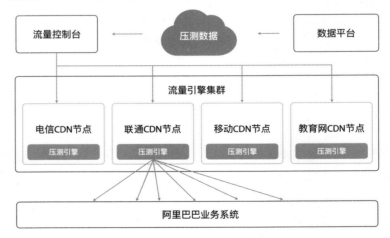

图2-6　全链路压测流量平台

全链路压测的流量平台是一个典型的Master＋Slave结构：Master作为压测管控台管理着上千个Slave节点；Slave节点作为压测引擎，负责具体的请求发送。Master作为整个压测平台的大脑，负责整个平台的运转控制、命令发送、数据收集、决策等。Slave节点部署在全球各地的CDN节点上，从而模拟从全球各地过来的用户请求。整套全链路压测的流量平台在压测过程

1
mock：软件开发概念，指模拟。

中平稳输出1000多万/秒的用户请求，同时保持过亿的移动端用户长连接。

5. 正式上线

在两个多月的时间里，项目组的成员披星戴月，有一半时间在通宵，另外一半时间是凌晨3点以后下班。2013年10月17日凌晨的1号楼，全链路第一次登台亮相（如图2-7所示），这一天对整个全链路压测项目组的人都意义非凡，辛苦了两个多月的"大杀招"终于要派上用场了！当压测开始的按钮被按下去，大家都全神贯注地盯着各种系统等着流量上来，1分钟、2分钟过去了，我们的业务系统却丝毫没有流量进来。忙活了一晚上，第一次亮相狼狈收场，当时全场有200多号人，每一次让大家准备好却没有流量发出去的时候，面对着全场200多双眼睛，压测项目组每一个成员的手都是抖的。好在第一次的失败让我们吸取了充分的经验，又经过好几个昼夜的奋战，第二次的压测比第一次进步了很多，到了第三次就已经能完全达到我们的使用预期了。

图2-7　全链路压测现场

2.2.3 全链路压测2.0平台升级

全链路压测诞生之后为系统稳定性带来的改变立竿见影，2013年经过了几次全链路压测，双11零点的表现比以往任何一年都平顺。全链路压测也在阿里一炮而红，越来越多的业务希望能接入进来。

1. 平台化

海量的业务接入给全链路压测平台带来全新的挑战：当时的全链路压

测操作都需要压测项目组的成员来进行操控。随着越来越多的业务接入全链路压测平台，压测项目组很快就成了瓶颈，压测平台的能力急需升级。2015年，全链路压测"平台化"项目启动，我们着手将全链路压测朝着平台化的目标推进和实施，做到压测能力开放、业务方自主压测，让更多业务方能够享受到全链路压测的优势和便利，如图2-8所示。全链路压测平台化项目的上线大幅提升了全链路压测平台的服务能力：2015年大促备战的3个月内，压测平台总共受理近600多个压测需求（比2014年提升20倍），执行压测任务3000多次（比2014年提升30倍）。

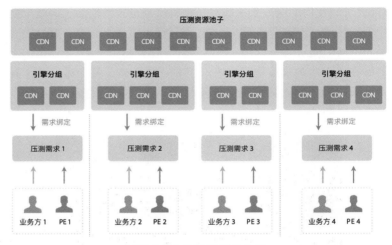

图2-8　全链路压测平台化

2. 日常化

全链路压测的压测流量和正式流量经过的路径是一致的，如果链路中某一个节点被压挂或者触发限流，势必会影响线上用户的正常访问。为了减少影响，全链路压测一般都安排在凌晨，通宵达旦，非常辛苦！为了减少熬夜，提升压测幸福度，我们启动了白天压测的项目：将线上运行的机器动态隔离出一部分放到隔离环境中，这部分机器上只有压测流量可以访问，白天在隔离环境的机器上进行压测。隔离环境与线上环境几乎一样，从流量入口、中间件、应用后端实现完整隔离。隔离环境完全打通了配置中心、服务注册中心、消息中心、地址服务器等基础设施，不需要业务系统做任何改造即可完成。并且是直接从线上机器按照特定规则选择到隔离环境中，机型配置跟线上基本一致，使用完毕之后直接恢复到线上集群中，不会影响线上集群的容量。大促备战期间，我们可以白天在隔离环境中进行小目标、小范围的全链路压测，用极小的代价提前发现问题。由于隔离环境场景相对于其他线下环境更加真实、操作快捷、不占用额外机器资源，在预案演练、破坏性测试、线上问题排查、故障演练等其他场合也获得了比较广泛的应用。

2.2.4　全链路压测3.0生态建设

2016年在三地五单元混合云部署架构下，电商一半以上的资源部署在云上。在庞大的电商系统背景下，如何能够在最短的时间内完成一个单元的搭建和容量准备成为摆在我们面前的一道难题，而全靠"经验之谈"和人工介入是不可能完成的任务。2016年初，"大促容量弹性交付产品"立项，旨在减少甚至释放活动场景的容量交付中的人工投入，并将大促容量交付的运维能力沉淀到系统中，使全链路容量具备"自动化"调整的能力。我们提出了大促自动化备战的想法，将大促容量准备的各个环节进行系统层面的打通，从业务因子埋点、监控体系、模型预测、压测数据构造、压测流量发送、压测结果分析、压测报表进行自动化串联，大幅缩减了在大促容量准备阶段的人员投入和时间周期。围绕全链路压测的核心基础设施，全链路压测的周边生态逐步建立起来，打通建站、容量、监控等配套技术体系，如图2-9所示。

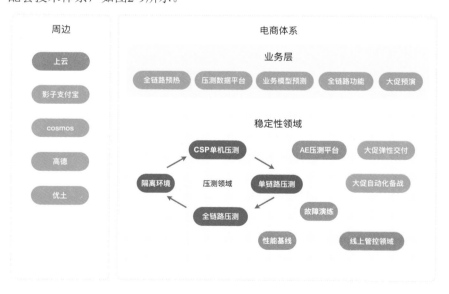

图2-9　全链路压测3.0生态

全链路压测在保障系统稳定性的同时，也为业务稳定性的保障提供了强有力的支持，2016年我们落地了全链路功能测试、大促功能预演等一系列项目：创造性地在隔离环境提前将系统时间设置到双11的零点。通过在这个提前的双11环境购买一遍双11的商品，进行充分的业务验证，最大限度地降低双11当天的业务问题。

2.2.5 总结

每年双11前夕，全链路压测都要组织好几次，不断地通过压测发现问题进行迭代优化，全方位验证业务的稳定性，我们的业务系统也只有在经过了全链路压测的验证之后才有信心迎接双11零点的到来。全链路压测将大促稳定性保障提升到新的高度，是双11、双12等大促备战最重要的"核武器"，并且随着业务的发展不断进化，持续发挥着不可替代的作用。

2.3 全链路功能，提前开始的狂欢盛宴

▼执笔人
太禅：天猫技术质量部业务持续交付高级技术专家，全链路功能负责人。

2016年11月3日午夜，位于西溪园区8号楼的六扇门项目室里灯火通明，汇聚于此的天猫和中间件的成员，将开启时光隧道，而时光隧道的另一端通往8天后，也就是双11当天。当晚，首批数千万用户将会通过这个时光隧道下单，在那个期盼已久的双11，完成自己购物车中的心愿。这就是全链路功能，一个通过创建隔离环境并修改系统时间，让亿级买家、千万级商品提前过双11，并观察核心交易链路上的功能可用性的项目。

2.3.1 全链路功能诞生记

全链路功能项目也是源自于一次双11复盘，在2015年双11预热会场上线前的复盘会上，我们遇到了一个难题：如何保证核心系统的数据及功能完整性，如何验证活动商品在大促期间的功能。当时大促的验证有两种方式：一是在线上造一个测试活动，活动的配置与大促类似，但是开始时间比较早；二是在预发环境中把配置或代码中涉及大促时间的地方改成比较早的时间，在当前时间就可以测试大促时的逻辑，测完再改回来。但是这两种方式都无法保证完全覆盖大促期间功能的验证，测试活动与双11活动毕竟是两个活动，测试活动验证通过不代表线上肯定没问题，改配置或改代码又怕遇到评估不全的问题，靠人的经验总不放心。为此我们还整理了一套上线后能快速进行线上检验的工具，像预热会场在11月1日上线后，就赶紧跑一下，发现问题还能改，但仍然不能完全覆盖。

这时我们就想，能否用类似全链路压测的思路。压测提前模拟了双11的系统压力，而我们也可以模拟双11当天的用户行为，模拟用户购买参加活动的商品，智能覆盖大促的各种业务场景。这样，线上检查和验证动作就可以提前，想想也真是挺爽的。然而如何进行双11用户行为仿真？又如何做到验证提前？

 ### 全链路功能的架构与技术

1. 数据同步系统

为了对招商活动商品进行下单，但又不影响线上用户，全链路功能使用与压测相同的影子体系。但与全链路压测不同，全链路功能对数据的真实性要求更高，创建的影子数据必须与线上一一对应，而压测可以虚构一个压测商品，只要这个商品压力效果符合预期就可以。

另外，大数据量的同步对性能有额外要求。为了满足性能需求，我们使用愚公系统[1]作为数据同步方案：

首先，利用愚公的可定制转换功能，对数据安全敏感字段进行脱敏及偏移处理。

其次，利用愚公的白名单功能，只同步需要的用户关联及商品关联数据，避免全量同步数据过大对线上数据库容量造成威胁。

最后，全链路功能数据同步平台，提供入口供业务线参与维护表字段及表与表的关联关系。

数据同步系统架构如图2-10所示。数据同步平台在双11前实现了总量5000万级别的数据同步，操作的数据变更总量为65.3亿。共使用165台机器，在12个小时内完成同步。为支撑巨大数据量的同步，系统进行了针对性的设计，包括数据范围白名单计算上云、白名单数据分批装载、Groovy转换规则缓存提速等。

1
愚公系统：阿里巴巴去IOE时代，快速支撑Oracle上的海量数据迁移到MySQL的解决方案，它可以对MySQL进行在线拆分、扩容，并支持白名单和按数据库字段定制转换规则。

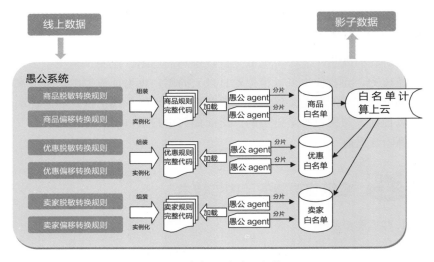

图2-10　数据同步系统架构图

2. 模型系统

假设线上用户集合为A，线上商品集合为B，那么这两个集合的所有可能的组合为集合A和集合B的笛卡儿积。对上亿用户和千万级商品进行笛卡儿积的运算是不现实的，我们开始沉淀合适的模型系统，对数据进行一定程度的抽象，用于生成合适的测试用例，如图2-11所示。

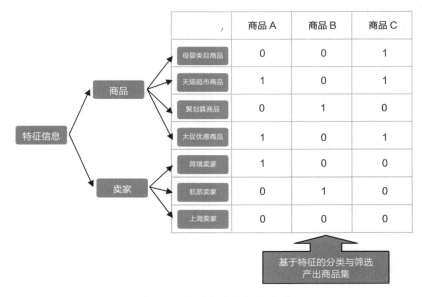

图2-11　模型系统数据筛选图

（1）识别数据特征

电商的核心交易体系是非常简单同时又是非常复杂的。一个典型的交易过程，在普通用户的视角，就是选择自己喜欢的商品，下单支付。但这个过程因为用户使用权益的不同，购买商品的不同，内部走的逻辑是完全不一样的。先从简单的下单链路开始，抽象出买家、商品两个主要维度。买家可以按照会员等级、收货地分布等进行细分，商品又有所属类目、行业、业务类型、优惠等多个维度。这些结构化的信息称为数据特征。

（2）数据筛选与组合

基于数据特征向量表分别过滤商品与用户，然后随机组合下单。系统会有一张特征向量表来存储每个数据符合的特征情况，对于当前系统能识别出的全部特征，符合该特征就记1，不符合就记0。两个不同的数据基于这张表，针对每个规则情况计算差值并聚合，得到的这个值就可以简单描述出这两个数据的差异情况。系统通过对该值设定阈值调控，就可以控制最终的用户和商品的产出量级。针对立即购买链路，我们会产出等量的用户和商品，然后一一对应进行下单。购物车下单则按预估的商品用户比进行组合下单。

3. 隔离系统

提前过双11是全链路功能实现的核心诉求，是不是改时间就可以了呢？事情并非那么简单，这里还有一个很大的风险，如果有线上流量进入，那么像优惠价格这类敏感大促数据就会泄露到线上去，提前按双11价格下单还会造成资损。因此，需要一套完全隔离的环境，然后在这套安全的隔离环境，让同步到影子体系的用户和商品提前过大促。

（1）流量隔离

2015年隔离平台诞生，它创建了一套隔离环境来支撑白天做全链路压测。由于线上环境的复杂性，这时还难免有一些线上流量进来，压测本身不改时间，用户也不易发现有什么不妥。但在隔离环境如果改了时间，这种情况就不允许再发生了。我们仔细梳理流量进入隔离环境的各个入口，包括前端入口、接口调用、消息入口、数据同步、定时任务。

为了保险起见，我们还开发了一个隔离环境流量大图，以准实时和离线两种方式展示隔离环境中的异常流量情况。此外我们还增加了兜底保护措施，在隔离环境的数据层TDDL[1]和Tair[2]上增加异常流量拦截功能，避免产生脏数据。

1
TDDL：淘宝分布式数据层，主要解决分库分表对应用的透明化，并提供异构数据库之间的数据复制能力。

2
Tair：是一个key/Value结构数据存储系统。

（2）时间控制

对于时间修改，由于阿里应用绝大部分部署的机型都是虚拟机，虚拟机无法单独修改系统时钟，修改实体机的时钟会影响宿主机上的所有应用。并且修改系统时间不仅会影响机器上运行的主应用，还会影响机器上的各种agent等。我们改用修改JVM时间的方式来支持应用时间的修改。

修改JVM时间，只影响Java应用，而集团Java基础设施相对统一，隔离和保护也容易进行。阿里JVM团队针对修改时间的需求，在阿里JDK的最新版本中增加了根据参数控制JVM时间偏移的功能。应用升级到指定版本的JDK8之后，可以在应用启动时增加参数CurrentTimeSecondsDiff，参数值为提前的秒数，让Java应用提前到未来的时间，修改是通过对JVM本地方法类库的修改来实现的，所以对于JVM所有获取时间的操作都可以生效。

4. 构造执行系统

在环境准备好后，便可以开始全链路请求的构造生成了，如图2-12所示。简单地说就是模拟用户访问确认订单页面，生成下单请求。确认订单页有两种来源，分别是购物车下单和详情页立即购买下单，两种请求的生成比例按线上真实的比例2.6∶1分布。下单的客户端又分为PC和移动，也按线上真实比例分布。购物车下单的时候，因为旅行、商超、生鲜的商品需要分开下单，在遇到这些商品跟普通商品混合时，会优先选取这些特殊的购物车类型。构造系统会选取用户可用的四级收货地址（具体街道地址经过脱敏），选取最优惠的卡券和红包，按比例使用天猫积分和淘金币。

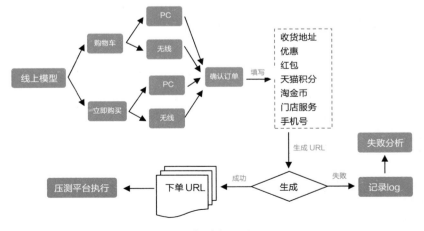

图2-12　构造执行流程图

并按不同的交易类型，填写构造过程中出现的必填项，如手机号、服务门店选取，以确保流程的畅通。但在此过程中，还是会不可避免地遇到一些目前还没有支持的链路，如村淘、处方药等场景，因此构造系统还会把构造失败的请求场景记录下来，供后续进行失败原因的分析。

在生成了请求链接后，上传数据到压测平台进行执行。执行系统与全链路压测差别不大，获取用户集进行登录，然后带着traceid批量发起请求，以方便出错后根据traceid进行问题定位。与压测不同的是，这批数据只跑一次，不需要反复循环地跑。

5. 分析系统

千万级商品与亿级买家的执行结果，不会像自动化用例的校验一样做那么细。根据大数据的特点，全链路功能的分析系统分为以下几个模块。

（1）错误码分析

阿里电商交易系统第二版（Buy2），对各种类型的错误场景定义了一套错误码规范。不同的出错系统与出错原因，都会给出不同的错误码与相应的解释，并保存这份标准化的错误日志到特定文件。这给分析系统的设计带来了极大的便利，系统可以根据traceid在这份特定的文件中查找有没有出现错误码。

利用阿里内部成熟的一站式日志服务解决方案，我们快速搭建了服务器端日志数据采集及流式处理的平台，将符合条件的日志记录回流到全链路功能系统。

（2）BCP[1]分析

全链路功能与BCP平台深度合作，每条BCP规则都可以定义是否需要在全链路功能中触发校验，经业务线评估支持影子链路的双11核心核验规则，都会勾选这项。在全链路功能运行时，会告知BCP启动针对当天运行方案的记录，运行完后，再通知BCP停止针对该运行方案的分析。然后全链路功能通过调用BCP接口，获取在此期间的所有BCP分析结果。

（3）Response分析

我们使用压测平台提供的请求结果分析功能，对下单请求结果进行简单的校验，如果成功跳转到支付页面，就意味着下单成功。如果没有跳转到支付页面，就记一笔失败，用于与错误码结合使用，验证两种校验方式的数据一致性。由于Response非常大，全部回传会给系统带来极大压力，

1
BCP：是阿里实时业务审计平台，2014年上线，每年双11各个业务线都会针对自己的功能场景，在BCP上维护最新的校验规则。2.5节中有详细介绍。

我们的优化方案是只传输特定查找路径下的元素，将该页面元素的内容返回。从而在提供可供问题排查的页面元素数据的同时，兼顾了数据传输的性能。

分析系统架构图如图2-13所示。

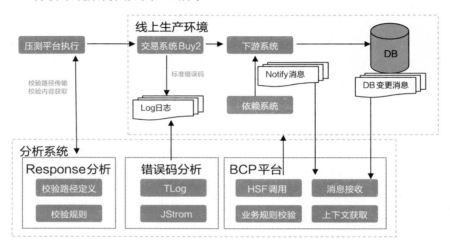

图2-13　分析系统架构图

2.3.3 总结

2016年是全链路功能实施的第一年，一共发现3个bug：

- 6.18进行了第一次基于规则模型的运行，发现1个bug[1]。

- 双11前夕运行两次，发现2个bug[2]。

全链路功能是阿里第一个基于大数据、基于电商交易链路规则建模，进行大促功能可用性验证的项目。随着智能化和智慧化的深入人心，全链路功能搭建并经过验证的基础能力，包括影子数据同步能力、规则模型分析归类输出能力、隔离环境提前验证能力等，正在被越来越多的创新项目依赖和使用，成为创新的源泉。

[1] 对10个以上带"送货入户"服务的商品购物车下单，会错误地创建出多个送货上门子订单。

[2] 都是正常的功能测试不容易发现的，包括一些商品类型在高并发、服务超时等异常情况下，致容灾逻辑无法生效，阻断了下单。

2.4　自动化备战，喝着咖啡搞大促

▼执笔人

胜衣：阿里巴巴中间件技术部高级技术专家，双11大促交易运维负责人。

2016年双11大促备战一切都很顺利，由200多人组成的双11技术团队用了15天的时间完成了整个备战过程，随后用6小时的时间，从压测的模拟数据构造到业务链路构造、全链路压测、弹性伸缩、资源调度和自动化预案执行及最后的限流验证，就能完成一次备战演练。整个备战过程不再过多折腾，大家井然有序，不慌不忙。同时系统在大促峰值期间充分地利用了整体资源，实现了资源利用最大化。

2.4.1　大促自动化备战的诞生

2014年我们花了70多天精心准备大促备战，但那年第一次全链路压测还不是那么顺利，甚至一开始都没能施压成功。那年，我们一共做了8次凌晨的模拟压测，每次都是从零点开始近7个多小时结束，每次都碰到各种各样的问题，每次都很"折腾"，很耗费时间和精力。但所幸的是经过所有人的努力，2014年大促拿到了完美的结果。

就在2014年的双11大促备战总结会上，双11技术负责人范禹，历年的大促备战工作都是全集团技术团队的一场硬仗、苦战，公司层面针对大促的筹备工作也是花费了很大的成本。然而，整个大促筹备过程仍是一个较为原始的、更多的人工处理的过程。他提出了一个愿景："喝着咖啡搞大促，回归自然！"具体来说就是"用更少的人员投入、更低的成本和更高效便捷的通用方式来筹备每一届大促。大促备战工作应该更加日常化，而不是某个时期多样化、定制化的工作"。这就要求将备战工作抽象出来，实现工作的通用化与自动化，不是定制化只能在大促时能用，而应该平时都能用得上。

带着这个愿景和挑战，2015年年初正式开始大促自动化备战项目。

2.4.2　从想法到实现

大促备战通俗来讲就是电商BU下的10多个作战团队（技术团队）在双

11前期，通过完成几十种工作序列，让这个由几百个应用系统、数据库、中间件等所组成的庞大的电商体系能够在双11当天稳定地经受住零点大流量的考验，让大家在双11期间顺畅安心地买买买。

那么我们都要做些什么事情呢？这些事情真的那么复杂吗？

从图2-14可以看到这里有几十种工作序列复杂地交织在一起，这是十多个技术团队协同配合来做的事情，而且必须做到万无一失、精益求精。

图2-14　大促备战

随着我们对系统整体的把控上和准备工作上越来越精细，备战工作从最开始的几项逐渐细化分层到如图2-14所示的几十项，而且以后还会不断增加，越来越细。当这些工作交织在一起显得没有特殊序列和组织的时候，就会导致在大促备战工作中投入越来越多的人力、物力与时间。

于是，我们逐步将这些工作进一步抽象与串联在一起，如图2-15所示。抽象与串联简单来说要做的就是要串联备战环节的公共节点，从全链路压测链路模型的自动计算，全链路数据准备和流量发送的无缝衔接，应用容量的弹性伸缩，自动化预案执行和验证，高可用业务保障等多个维度将大家共用的工作序列抽象出来，将其中人工的操作自动化，再沉淀为一种公共的基础能力。

这样在每届大促备战中就能得以延续与演进，并且也能在日常工作中运用起来，就不是原来的各技术团队相互之间的多样化与定制化的工作了。

为了达到这一的目标，我们进行了针对化的设计，并将自动化备战项目分为以下6个功能模块。

图2-15　备战抽象与串联

- **流量与容量评估**："知己知彼"百战百胜，每一年到底会有多少用户一起出现在零点高峰来抢购心爱的宝贝，这是第一步要解决的问题。需要通过海量的大数据来预判用户峰值流量及用户的行为，随后通过全链路压测来探测系统所需要支撑的容量能力。

- **全链路压测系统**：有了前面流量与容量的理论数据，要制造出千万级的**QPS**[1]压力，用来真实地模拟零点用户的行为，来直接作用于线上集群，从而快速主动地发现全链路上的各项问题和瓶颈。

- **全局资源调度系统**：当系统需要增加资源以达到模拟的用户访问量级时，系统就需要对机房数据中心几十万级别的资源[2]进行统一管理和调度，合理地分配给各个系统。因为资源总是有限的，合理并且最大化地利用才是根本。

- **弹性伸缩**：而当实际的用户访问量级不断提高的时候，就需要在合理的资源前提下自动并且非常快速地根据压力值来扩充这个有着几百个庞大系统的交易集群，以快速地响应用户，否则可能将会有更多的用户被阻挡住。而当流量一旦降下来，也需要自动且快速地缩减集群容量来节省备战成本，达到资源利用的最大化。

- **预案平台**：在大促活动期间，总会有各种各样的问题会出现。在解决问题过程中我们也形成了一系列应对方案，也就是预案。上千个应用汇总起来的应急预案总不能记在记事本里，何况里面有一些是

1
QPS：Queries Per Second，即每秒查询率。

2
如CPU、内存、磁盘等。

用来"救命"的办法。所以这个时候就需要一套完整的、一致的、且能够快速执行的预案系统来应对这些突发的问题，以确保系统能不间断地为用户提供正常的服务。

- **流量调度：**其实在大促活动期间，尤其是零点高峰那一刻，总会有那么一台或者几台机器因为压力过高而出现问题，这就会导致局部用户的访问受阻，我们需要将这些"问题机器"快速地隔离和自我修复，提升系统的整体可用性，让用户流程可以实时可用。

2.4.3 双11实战

2015年10月9日，整个园区已经充满了双11的气氛，离大促已经不到30天的工作时间了。伴随着第一次全链路压测的开始，2015年双11的大促备战与演练正式拉开帷幕，对于大促自动化备战来说，也迎来了它的终极大考。

然而万事开头难，第一次大考我们遇到了很多问题。需要快速弹性伸缩机器时，需要快速隔离故障机器时，需要预案快速执行时，都没有达到预期效果。忙活了一整晚，最后是半人工与半自动地完成了第一次的演练。

有了第一次的经验教训，又经过好几个昼夜的努力，接下来的备战就进步了很多。原来的全链路压测系统还无法完全支持按地域、按机房压测，现在可以了。原来每个人需要各自负责扩容机器的事情，弹性伸缩系统已经完全帮大家接管了。原来大家需要各自执行的预案，预案系统已经可以在任务点到了后自动执行了。最让大家头疼的故障机器也不再需要人工干预了。

"历时1个月，2015年，双11备战总共进行了6次全链路压测，其中2次白天隔离压测，4次凌晨压测。最少的一次人员投入是40人，我们节约了近万台设备资源。我们的大促备战已经初步具备了可以用更少的人力物力、更快速便捷的方式来完成之前交织复杂的工作的能力，大促自动化备战正式起航！"大促自动化备战总架构师叔同在双11的总结大会上如是说。

2015年称为"大促自动化备战元年"。到了2016年，几乎所有人都非常肯定双11交易额将迈入千亿时代。这将是史无前例的一次全球购物狂欢。随着千亿时代的到来，我们的交易系统也将迎来更多的用户在瞬间的并发访问量，我们的备战工作也面临着更巨大的挑战。

　　较之2015年，备战工作首要任务就是要新增几个交易站点，我们需要通过完全自动化的能力将全新的几个交易单元快速地搭建起来。我们的一键建站和弹性调度体系在这里起到决定性作用，需要根据用户流量模型数据快速对资源统一管理调配，实现自动化资源调度、应用部署、业务验证、流量导入，让一个新的交易单元在一天内快速启用。如果做不到这个，我们的备战工作将会非常被动，很多事情将会重返人工时代，也将会耗费巨大的成本来完成这次的备战工作。

　　经过不断研发与测试，2016年我们在整个过程中解决了弹性服务池动态伸缩、跨地域调度、机房级容量探测与评估、故障自动隔离、全链路业务功能验证等问题，整体备战工作稳如预期。

　　从2015年年初项目组成立，到2016年的双11，经过日日夜夜的努力，原来需要一堆人在一堆系统里面做的一堆事情，现在只需要部分人在部分系统上做更为集中化、通用化的事情就可以了，如图2-16所示。

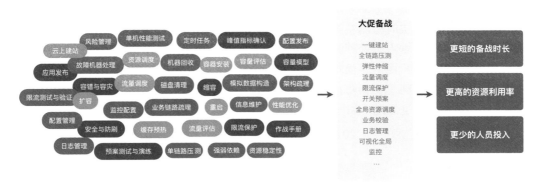

图2-16　自动化的结果

 **总结**

　　从2009年第一届双11大促峰值的400笔/秒、全天5.9亿成交额开始，到2016年双11的17.5万笔/秒峰值、全天1207亿成交额，在这短短的几年时间里，峰值数字不断地在刷新历史，同时也推进着阿里整个技术的快速演进与沉淀。大促备战过程中的技术也在不断演进，不断自我突破。"从0到百万级再到千万级QPS的压测能力"、"从0到秒级的服务无缝隔离与切换"、"从万级到几十万级的资源调度"、"从100天到8小时一键搭建交易单元"、"从0到3小时弹性伸缩完成整体容量调整"、"从1个多月到

15天的备战周期"，正是技术的不断突破带来了从量变到质变的效果。而随着这些基础能力的不断突破、创新与沉淀，"喝着咖啡搞大促"终将到来，未来的双11也将更加精细化、数据化和智能化。

2.5　实时业务审计，从系统可用到业务正确

▼执笔人

潇谦：阿里巴巴中间件技术部高级技术专家，实时业务审计及鹰眼trace系统负责人。

BCP就是一个用来实时检测线上系统产生的数据是否正确的系统。试想一下，一个美国用户刚刚在双11活动下了一单，付完款。但有可能由于国际间网络突然出现闪断，导致他"已付款"这个状态的数据并没有传输过来。如果是以往，有可能呈现给买家的就是"交易失败"的状态。但现在，实时检测系统能在这个问题被消费者发现之前，就开始报警，并且转交技术人员处理。也许，还没等他回过神来，这个问题就已经被纠正过来，用户丝毫感受不到"交易失败"曾经出现过。BCP经过三年的发展已经成为阿里资损防控的重要基础设施，每天都验证着上百亿的数据。BCP整个演进经过了如图2-17所示的三个阶段。

图2-17　BCP演进三个阶段

2.5.1　诞生与成长

2014年年初，在共享事业部发生了一个比较大的数据故障。虽然我们有一些离线任务会对数据进行检查，但由于成本高、实现复杂，所以覆盖不全，而且时间上至少需要一天。而那个bug引起的数据不一致问题还是用户反馈才发现的，当时已经过去了一周，由于时间较长，数据扩散得比较多，搞得我们很被动。这还仅仅是一个开始，在数据订正的时候，又由于订正代码的问题，造成了二次故障，直接让负责的开发人员崩溃而转岗。可事情还没有结束，由于发现的周期长，脏数据进入了离线计算，那几天

的结果都有问题，又引发了另外的故障。

这件事深深地警醒了我们，我们必须要有能实时检测线上业务数据的能力。

1. 原理与由来

2014年6月17日，晚上12点50分，西溪园区，交易值班室。BCP终于在6.18年中大促前上线成功，几个月的折腾终于落地了。

其实BCP的原理非常简单，就是一个实时对账系统，要对账就必须满足两个条件：第一个是什么时候对账，第二个是拿什么数据对账。而消息正好满足：首先是触发式的，接收到消息的事件可以作为触发对账的时机；其次消息自带的数据可以作为对账所需的数据。另外我们又提供了一个脚本引擎，用户可以自己来编写特定的检测规则，消息来的时候就触发用户写的规则。当然只有一份数据是对不了账的，还需要通用的服务访问接口，在脚本中调用来查询所需的其他数据。那么消息又从何而来呢？我们知道线上每产生一笔业务，对应着数据库中会有记录产生或变化，通过读取这种变化，就可以产生消息，从而监控线上的每一次业务变更。就这样整个BCP的雏形诞生了，如图2-18所示。

图2-18 BCP的雏形

BCP的全称是Business Check Platform，实时业务审计平台。说起这个中文名字，还有一个小故事。当时BCP还是一个备受争议的项目，因为涉及实时对账计算，流量压力非常大，成本高。记得2014年时，BCP的峰值压力是200万/秒。当时还在摸索阶段，也没有完全验证BCP在线上的作用价值有多大，许多人都不太看好它，项目本身也经历了主要人员的替换，甚至许多测试就直接反对道：如果BCP能产生大的作用，还需要测试干什么。但我们分析过，线上和线下环境有着非常大的差别，线下只有测试想到的测试用例能检测，而线上却是千千万万的用例，也就是说BCP可以把所有用户当作测试，但这需要时间去证明。当时逍遥子知道了这个项目，觉得非常有意义，重新给这个产品定了名，并说了一句让我们激动不已的话："他们要多少机器就给多少机器。"

2. 问题与优化

BCP的最大作用并不是预防问题，而是实时地检测发现问题。不要小看这个实时，你想一下，如果线上的一个问题每秒产生10条脏数据，1分钟发现和1天后发现完全是两个级别的故障。BCP最大的价值并不是产品本身，而是在这个产品上积累下来的检测规则，如果规则覆盖全面，那么正确率就非常高。其实让我们很羞愧的是6.18上线的时候仅仅只有一个规则，而且规则上还有些小小的问题。

也许是老天眷顾，运气特别好，还没有上几个规则，BCP就发现了业务的问题。随着越来越多的问题被发现，大家开始清楚地认识到了BCP的价值，有些人还偷偷过来请我们喝咖啡，就为了让我们提早支持他们。一下子情况倒转了过来，BCP的业务开始爆发，但是问题也来了。

第一，是性能问题。BCP根据消息来触发检测，前面也提到了把数据库变更作为一种消息的来源，而我们要检测的一个规则往往只是检查某个变更，或某几个变更，仅仅是占了所有变更的1/10，甚至更少。最初，我们在做这个过滤匹配时，是逐个规则来判断的[1]。为了降低这个判断次数，我们分析了业务特征，找到了这个规律。拿线上的订单举例，每次变更都是有业务含义的，比如订单创建、订单付款，而要检测的规则也是针对这些业务状态的。搞清楚了这个，技术上实现就简单了，我们只把规则预先分类到预设的状态下，消息过来时只要判断一次它的状态类型就可以知道需要执行的规则列表了。方案虽然简单却非常有效，整个性能提高了几十倍。

第二，就是接入写规则时调试的问题。当时只写了一个主体的功能，根本没有考虑这一块。实际上规则也是代码，又涉及线上的海量数据，规则如果有问题就直接放到线上，可能马上就是几十万的数据报警。但是，我们要造一条正常数据容易，要造一条错误数据还真比较难，因为日常的测试环境从来没有遇到过这样的情况。于是我们又开发了一套mock系统，所有的消息和查询返回都可以mock成一个JSON串，这样业务方就可以通过编写JSON来mock数据了。另外我们又做了在线规则日志查询功能，方便在开发规则时排查问题。这些优化做完，整个接入就通畅了许多，直到最近还是有人说起BCP在这个方面的体验非常棒。

第三，互联网技术为了追求用户体验上的快速响应，在事务上保证的是最终一致性。在后台，我们采用大量的异步服务、消息来处理问题。比如在订单完成之后会发放积分，就通过异步消息的方式处理，如果我们在订单完成之后立即去检查积分发放情况，就有可能会失败，因为有可能积分发放的流程还没开始。这就需要我们有延时再处理的能力，并且需要有不同时效。考虑到消息量大及成本的原因，我们利用本地的廉价存储开发了一套文件延时队列系统来解决这个问题。

第四，由于需要查询线上数据，一次消息过来经过的规则，很可能会查询同一个数据，比如订单消息上的规则就经常会查询订单上的商品信息，所以我们把一条消息上的规则从多线程执行方式改成了单线程顺序执行。在执行过程中，查询过的数据缓存到了线程变量中，后续执行的规则就可以利用这个缓存，以减小对线上查询服务的压力。

3. 承载双11

2014年11月12日凌晨，双11终于闭幕，大家开始庆功，而BCP也圆满完成了任务，成功为双11做出了贡献，发挥出了它的价值。

可就在双11最后一轮压测前，上游链路还存在着大量延时的问题，由于数据库变更量太大，从数据同步到消息转换及BCP接收链路都堵塞严重，实际到BCP的流量只有应有的30%。如果问题不解决，不仅BCP无法正常工作，重要的是这段时间来上百个人辛苦整理的180多个规则就白费了。这条链路上涉及数据同步的人、消息转换的人、消息分发的人，一群人都非常着急。有一个同学生病了，中途只是去医院打了点滴就又回来通宵处理问题。最终我们撑过了零点，整整200万/秒的峰值执行量通过，看着业务纷纷发来的感谢邮件，我们觉得付出的一切都是值得的，因为我们明白，这保障的不仅仅是业务的系统，更是千千万万买家、卖家的权益。

2.5.2　生态建设

经过双11的考验，大家对BCP都非常认可了，接入量开始成倍增加，BCP遇到了另外一个问题，那就是找到的问题太多了，而且许多都是非常极端的情况，于是排查订正便成为我们要去优化的首要方向。

第一个随之而生的是用于订正的数据修复平台，它是一个提供对脏数据进行快速订正并规范化用户流程的系统。由BCP发现的脏数据，除了要找明问题原因，还要快速对脏数据进行处理，防止数据的二次污染，对下游系统造成影响。以往针对这些脏数据，开发人员通常会在系统里保留各种后门程序，然后去线上环境执行一串命令实现数据的订正。这种人工方式因为无法对订正过程进行控制，订正近乎成为一种高风险操作[1]。而数据修

[1] 还记得我们前面所举的订正数据出问题的例子吧，就是在这样的情况下发生的。

复平台，把订正数据的流程进行了归整，每一个环节都引入了自动化的检测，不管是单条数据还是批量数据，都能做到可追溯。它也使用了类似于BCP的脚本化引擎，非常开放与方便。现在阿里成千上万的数据都得益于它才能快速地修正到位。

第二个就是数据链路排查工具——全息排查平台。在阿里内部原本有一个非常著名的trace产品叫鹰眼[2]，而让我们数据问题排查最头疼的就是到底是哪个环节改坏了，全息排查就是起这个作用的。它通过把数据和链路相结合，通过数据ID，反向查询对这条数据进行操作的所有链路，顺藤摸瓜，就能轻松找到问题根源。BCP、数据修复平台、全息排查当时被并称为在线数据问题处理三剑客。整个生态开始慢慢形成。阿里的高可用稳定性技术也开始真正从系统稳定性走向业务正确性。

1
它能通过一个
traceid，把一
次在分布式系
统中的请求路
径直观地串起
来。

2015年11月12日凌晨，"零资损！"结果出来，大家都沸腾了，一年多的辛苦付出，也终于开花结果。这是BCP第二年参加双11，整个生态建立之后，大家的运作更加体系化了。还建立了整个集团的数据质量小组，建立了数据故障规范，为了区别P系列的系统故障，设定了D系统的数据故障等级，并且有专门的处理流程。预防、发现、排查、处理整个闭环都有许多相关的系统开始支撑起来，如图2-19所示。

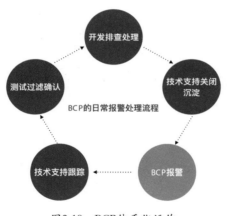

图2-19　BCP体系化运作

2.5.3 平台优化

2014年和2015年的双11，让BCP真正成为了阿里的基础设施，上百条核心产品线产生的数据都会流经BCP，2016年我们面对更大的挑战，主要进行了如下三点的优化。

第一，做了平滑削峰功能。双11的峰值非常高，我们不可能不计成本地支撑峰值。BCP在检测过程中，需要查询第三方服务，会对线上有一定的压力。但这里有一个很重要的特征，就是峰值高，但持续时间较短。根据这个特点，BCP把峰值的一部分数据延后进行校验，自然地让下游接收的流量延后，平滑过渡。

第二，我们又完成了多流对账。BCP实现的是单流对账模式，即以一种数据流驱动，查询其他的数据进行对比校验。一方面查询压力大，另一方面造成了单边账的问题。即流入的驱动数据本身在业务上存在丢失的场景是无法感知的。所以流式对账又有进化版——双流（多流）模式：接受两个（或两个以上）的数据源进行驱动，在内部进行JOIN和对比。

第三，集群分离。我们发现BCP在双11中的load表现平均为3.5，而最高的却有8，甚至更高。原因是接入的消息源的量级相差大，连接数也各不相同，随机分配的策略就造成了每台机器的压力不均。于是我们把消息源做了归类，把流量一致的都分配在一起，使得同一个集群里每台机器受到的压力一致，集群间再做动态资源调配，这样load表现就正常化了。

2.5.4 总结

2016年的双11，虽然BCP上的规则数比2014年翻了百倍，但当天大家反而对它的关注少了，因为双11前夕BCP已发现了上百个问题，而且被全部解决完毕。BCP已是业务系统平时运作中不可或缺的系统了。而在BCP之上，又出现的棱镜[1]等产品，它们把BCP当作底层的计算引擎，在这个领域里越做越细。BCP并不是阿里在线数据问题领域的第一个，却推动了整个生态的建设。

2.6 故障演练，系统健壮性的探测仪

2016年双11线上故障演练第一次成规模、有组织地开展起来，从图纸变成实践，得到业务方的认可，并成为全链路压测的固定环节。通过中间件工具支撑、GOC[2]故障演练运行的方式，使演练平台和演练经验在多个阿里子公司中复制和传播，故障工具也大幅度缩减了业务方演练的成本。有近十个BU参与，数百个演练场景设计，数十次大大小小的演习，发现并解决了大量的问题。

2.6.1 一切为了稳定性

在阿里业务高速发展的同时，稳定性的底盘也要坚守。工程师们会花

1
棱镜：菜鸟的一个用于监控线上物流单全链路超时问题的平台。

▼执笔人
中亭：中间件技术部高可用架构团队技术专家，常态化稳定性产品负责人。

2
GOC：是阿里巴巴集团运行管理的专业团队，负责生产环境故障整个生命周期的管理。

1

SLA: Service-Level Agreement, 即服务等级协议, 是关于网络服务供应商和客户间的一份合同, 其中定义了服务类型、服务质量和客户付款等术语。

很多精力在故障预防和可用性保障上。每个业务对线上SLA[1]和故障数量均有明确要求。越基础的服务, 被依赖的范围越广, 要求越高。

一般来讲, 稳定性保障会围绕大促保障项目来集中化推进。常态的时候, 更多是从线上运维红线约束, 减少非生产变更, 严格进行故障总结和跟进。这种策略对于减少低级故障有比较好的效果, 但对于全局质量无法做到确定性保障。原因主要有以下两点:

- 不同子公司或业务对稳定性的资源投入、实施时间、组织方式是不同的, 全链条协作带来的协作成本也比较高;
- 没有统一的验收机制和标准, 投入和收益比不好量化, 结果也容易有遗漏。

任何基础设施、系统、人、流程都可能出问题。减少故障的最好方式就是让故障在可控的前提下经常性地复现。故障演练就是在这个背景下诞生的。把故障以场景化的方式沉淀, 以可控成本在线上模拟故障, 让系统和工程师平时有更多实战机会。同时以统一的标准来衡量演练结果, 也可以随时看到全局上还有哪些能力待补全。故障演练的演进如图2-20所示。

图2-20　故障演练的演进

2.6.2　故障治理前身——强弱依赖治理

大多数互联网公司都会根据业务和架构对系统做一些拆分, 系统由大变小, 由一变多。系统之间互相有调用, 系统的复杂度也呈指数级攀升。2011年年初的时候, 淘宝网就面临了上面的问题。五彩石项目之后, 淘宝的架构逐渐演变成了由业务系统、核心业务服务、基础服务、持久层和消息服务层组成, 这其中既有比较重要的商品中心、用户中心、店铺中心等交易链路核心应用, 也有很多随着业务发展而诞生的实现部分业务功能的小应用。如果说淘宝早期阶段, 架构师可以对全网架构了如指掌, 此时面对这几十甚至上百的应用时, 架构师也是头痛不已。

举一个因业务相互依赖和影响引发故障的例子。一天, 一个线上服务突发部分机器页面访问变慢。由于系统本身负载不高，加之最近没有新的发布，一直没有定位到问题。就在大家排查问题时，突然全部页面都无法访问了，对业务造成了严重影响。最终定位下来，原因是一个非核心业务逻辑被错写在核心业务的主流程中，且非核心业务对外部访问没有做HTTP超时设置。当下游业务异常时，业务线程被阻断，进而影响核心业务的主线程阻断。现象上就是主业务响应时间过长，导致整体不可用。

故障虽然解决了，但这次故障是否只是冰山一角？有没有其他非核心服务在大家不知情的情况下成为了核心业务的强依赖？为了解决这个问题，公司内部第一次提出了"依赖治理"的概念，并希望通过一个系统把应用之间的强弱依赖自动检测出来，如图2-21所示。依赖模型包括关系、流量、强弱等因素，一份合理且清晰的依赖关系数据可以被利用到系统调用优化、故障根源查找、系统降级、依赖容量、依赖告警、代码影响范围、系统发布顺序等诸多场景。强弱依赖是依赖治理的核心，而我们采用的评估方式是主动制造一些问题，让下游依赖的服务不可用。从上游的服务或业务表现判断是否合理，来推动架构、监控改进。

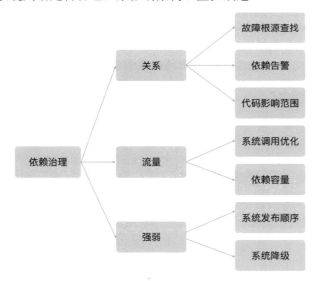

图2-21 依赖的模型和应用场景

从2012年到2015年，依赖治理经历了4个版本的演进。从依赖分析、故障模拟、故障环境、故障分析等方面进行改良。保证结果准确的同时，大幅度降低实现成本，过去需要几个人做一个月的稳定性工作，现在一个人两个礼拜就够了。从2013年起，强弱依赖也开始作为每年双11备战必不可少的备战环节，关键的业务都要完成强弱依赖用例覆盖。双11当天的应急决策都基于这份强弱依赖数据，如图2-22所示。

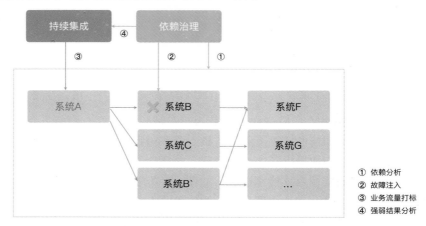

图2-22 依赖的业务流程

 2.6.3 故障闭环——线上故障演练

事实上，强弱依赖的核心使用场景在线下，核心工作主要是技术实现、实施成本、数据准确性、自动化的突破。线上故障演练的挑战则在于故障的理解、演练设施的构建、演练策略的落地。

1. 故障的理解

故障的定义是故障演练体系的基石，只有对故障有深入的理解，才能构建出解决故障的系统。

- **问题**：不符合预期的表现都可以称为问题，问题不等于故障，问题是无法避免的。任何基础设施、系统、人、流程都可能出现问题，而且问题一直在发生。

- **故障**：只有带来一定业务影响、满足一定标准的问题才会被称为故障，按照问题影响用户的数量、客户投诉数量、恢复时间、是否有数据丢失、是否有资损等维度来划分，一般越核心的业务对于上述标准要求越苛刻。

- **故障发生是独特的**：没有两个完全相同的故障，故障发生的时间、地点、影响的范围、遇到故障的人都具有一定的偶然性。

- **故障是可被抽象的**：任何一个故障的发生原因都是确定的，都可以被归纳到一种或几种故障的组合。

2. 演练设施构建

故障演练设施的基本要求是故障模拟要真实，具有通用性，故障影响要可控，实施成本要低。

故障演练项目最初有3个人，分别是负责平台研发的中间件工程师、负责故障处理的值班经理、负责故障跟进的技术支持。小组成员都是横向支撑型角色，所以有机会去接触和分析阿里的大小故障，积累故障场景的原始数据。在对故障做了全面的分析之后，发现除了系统功能类bug和人为失误故障，剩余的故障主要为技术缺陷导致。技术缺陷型的故障原因主要分布在网络、磁盘、进程、CPU、数据库、中间件等诸多大类。故障演练的场景主要就是围绕这几个大类来细化，如图2-23所示。

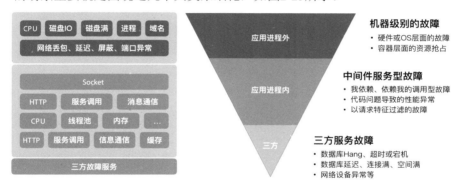

图2-23 常见故障类型

故障的场景可以分为应用进程内[1]和应用进程外[2]。进程内外是相对于阿里的应用系统进程来看的。实现上，设计了两个组件，一个是OS层面的组件，另一个是中间件层面的组件。组件内部实现了故障模拟逻辑和外部的交互细节，由一个中心化的系统做部署和故障管理，用户几乎无成本接入。对于一些底层设施的故障，可以调用第三方故障服务实现。同时系统支持按集群、主机、请求、用户来模拟故障，秒级启停，所以故障影响也是可控的。演练设施构建如图2-24所示。

3. 演练策略

在项目之初，我们一直想如何量化故障演练的价值，所以觉得演练发现问题的数量或许是个不错的指标。后来认识到问题的数量应该随演练而收敛，否则就证明某个环节没做到位。问题数量只是一个数字，演练之后系统的确定性才是大家要的结果。所以最后故障演练策略主要从故障重

[1] 应用CPU过高、中间件调用失败（比如强弱依赖）都是应用进程内故障的范畴。

[2] 网络、磁盘等属于应用进程外范畴。

现、故障演练、故障突袭三个角度切入，满足不同系统或人的需求。

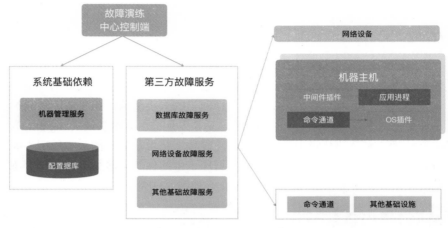

图2-24　演练设施构建

2.6.4 故障重现实战案例

2016年3月的某一天，某个业务A开始出现大量异常告警，业务反馈报价失败量上升、报价量下跌等问题，故障影响持续若干分钟。按照阿里的故障等级，这算是一个比较严重的故障。故障原因是业务A依赖的一个持久化服务B，B因为机器磁盘有问题（是一个驱动的bug），工作线程卡住了，但机器心跳线程正常，导致负载中心无法摘除异常机器，这样A到这台机器的所有请求发生超时，从而导致业务下跌。

这个故障的后续改进措施是，让B的工作线程来发送心跳，当工作线程异常时，不再发送心跳包，负载中心就可以把问题机器摘掉。此外，B也重新梳理了相关的出错处理逻辑，以应对网络抖动的问题。

在完成B的故障改进措施后，6月份我们在线上进行了第一次故障重现，模拟的故障场景就是磁盘无法读写。虽然事前我们做了多轮评估，在触发故障那一刻还是非常紧张的。故障过程中，每一秒都非常煎熬。当时的一些数据如下：1秒，破坏演练开始；11秒，服务B检测到异常；12秒，服务B隔离故障设备；62秒，破坏演练结束；62秒，恢复服务B隔离的设备。

演练过程持续了62秒，业务的响应时间稍有波动，不过业务没有下跌，没有客户端投诉，服务B成功完成容灾。虽然这次故障演练的场景非常简单，不过在故障治理的历史上具有非常重要的意义。套用一位在场值班的人员的话："经历了这么多故障，今天我们亲眼见证了一个大坑被填上了！"

2.6.5 故障演练

如果说故障重现是为了实现故障周期的闭环，那么故障演练则为用户提供一种定向演练的能力。基于演练平台的能力，业务方可以自己定制演练计划。在2016的双11中，故障演练小组配合业务方做了几十场演练，发现了各种各样的问题：

- 模拟系统在访问缓存超时场景中，出现响应时间飙升10倍的情况，经排查，是由于没有设置超时导致的；

- 模拟CPU高压时，发现容灾策略只能切走一半流量，后来发现是一个底层组件的问题；

- 做某应用的缓存的不可用N台设备演练时，容灾的两个机房流量上涨不对等，后来发现是机房网段遗漏导致的；

- 某个下游挂掉，验证上游容灾预案是否正常运转。后来发现无法显示一部分标题，且未配置抄底数据；

- 演练时发现部分监控数据丢失，排查后发现原因是有几台机器没有装基础的监控客户端；

- 演练时也暴露了监控缺失、告警缺失、告警不实时等问题。

2.6.6 故障突袭

故障突袭是一种以黑盒测试的模式验收稳定性的演练策略。宏观上，可以通过机房断网、断电的演练，推进架构的改进和成熟。微观上，也可以在大家不知情的情况下搞一些小破坏，观察系统的问题发现、自愈能力、故障处理流程是否合理，或制造更多的机会来锻炼新人的问题处理能力。在2016年双11备战中，有部分业务线也采用了这种方式，用最苛刻的方式让团队去成长，平时多流汗，战时才能少流血。

2.6.7 总结

系统、工具、流程、人员都是在不断进步的，而我们需要的就是通过一些手段或机制来加速这种进步。故障演练开始于电商业务，到后来数据

1
故障演练项目
代号"大圣归
来",系统
Logo就是中国
历史上那只脾
气暴躁、精通
七十二变的猴
子。

库、基础架构、菜鸟、客户体验等部门纷纷加入进来,反过来又加速了故障演练体系的完善和进步。故障演练[1]以一种破坏性的方式,通过不断试错去检验和淬炼系统,从而确保全局的稳定性。

2.7 系统自我保护,稳定性的最后一道屏障

▼执笔人
游骥:阿里巴
巴中间件技术
部高级技术专
家,容量规
划、全链路压
测、线上管控
等稳定性体系
负责人;
子矜:阿里巴
巴中间件技术
部高可用架构
高级技术专
家,限流预案
降级负责人。

每年的双11我们会做各种各样的准备,但如果我们准备的容量不够,用户的请求量比我们预测的还要凶猛,怎么办?如果局部系统出现异常情况怎么办?如果部分机器出现故障怎么办?这时将会促发一系列的系统保护策略,通过系统保护尽可能地让更多的用户能够继续访问系统。系统保护体系跟双11紧密相关,双11的诞生元年也是系统保护体系的诞生元年,且随着双11业务的飞速增长,系统保护体系也在快速升级。

整个系统保护体系主要由5大子系统构成:限流、自动降级、流量调度、负载保护和预案,每一个子系统对应一种典型的系统保护场景,如图2-25所示。

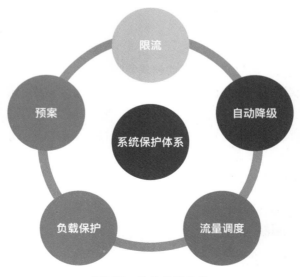

图2-25　系统保护体系

2.7.1 限流

在双11零点下单时有的用户可能会看到如图2-26所示的页面，当你看到与这个页面类似的页面时就表示"很遗憾，你被限流了"。

图2-26　限流时页面的显示

从实际生活中的场景来理解限流：一个人能够挑100斤的担子，如果给他的肩膀上放150斤的重物，他可能直接就趴下了，运输能力变成了0，所以我们必须保障给他肩上加的重物不超过100斤。限流也是同样的道理，通过限流让系统工作在最高吞吐量的水位上，防止系统被击垮。限流策略根据请求的被动响应和主动发起分为两种：当请求被动响应时，请求的发起方通常是用户，这种情况下将启用"洪峰限流"策略；当请求为主动发起时，一般情况下为定时任务的执行频度或者消息的消费速度，这种情况下将启用"回调限流"策略。

1. 洪峰限流

洪峰限流解决当实际来的流量大于系统承载能力的问题，有三大关键因子：允许访问的速率、爆发量和爆发周期[1]。

洪峰限流采用了令牌桶算法[2]：

（1）每秒会有 r 个令牌放入桶中，或者说，每过 $1/r$ 秒桶中增加一个令牌。

（2）桶中最多存放 b 个令牌，如果桶满了，新放入的令牌会被丢弃。

（3）当一个 n 字节的数据包到达时，消耗 n 个令牌，请求通过。

（4）如果桶中可用令牌小于 n，请求被拒绝。

怎样让这个令牌以匀速的速度发放呢？业界也有很多做法。例如Guava，它采取的方法是每个请求到来的时候带一个时间戳，然后比较下一个请求是否在1/r之内到达。如果是，不允许通过，反之放行。

1
这次爆发量到来之后，下一次爆发什么时候到来，我们称之为爆发周期。

2
令牌桶算法是一种常用算法，感兴趣的读者可搜索了解其详细情况。

我们采取的实现方法是一种类似微积分里面"无限逼近"的方法。把1秒分成更细的粒度，让这个时间粒度允许通过固定的数据，从而让令牌更均匀地落在1秒这个时间单位里。粒度越小，那么越均匀，但是同时也越耗费计算能力。我们要做一个平衡。

假设桶的大小是300个令牌，系统的通过率为1000QPS，把1秒切成10个格子，每个格子的时间窗口为100ms，每个格子发放 1000/10 个令牌。假设双11当天0点之前，桶里放满了令牌，在双11当天0点到0点0分1秒，每秒的请求超过了10000，最后的限流效果如图2-27所示，最终我们会得到一条平滑的请求曲线。

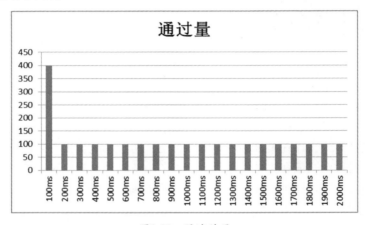

图2-27　限流效果

2. 回调限流

除了洪峰限流，还有这么一种场景：比如物流系统会接收交易成功消息，回调交易系统的订单信息，这样才能处理订单并且发货。它的特点是，请求由系统主动发起，调用量级波动大，会出现时间堆积，允许有延迟。由于出现时间堆积，不做任何限制的话，系统A向系统B有可能在短时间内将堆积的请求一次性发出去，对系统B造成非常大的压力。回调限流专门为了解决这类问题而设计。

在洪峰限流中我们采取的是令牌桶限流，在这个场景下，限流的实现通过漏桶算法来解决。漏桶算法思路很简单，水（请求）先进入漏桶里，漏桶以一定的速度出水，当水流入速度过大时会直接溢出，通过这种方式来调节请求的处理速度。我们通过这种方法，来避免这种回调的请求抢占珍贵的系统资源，从而又保证这些请求能在预期的时间之内被执行到。

2.7.2 自动降级

有了限流，保证了系统不被外部冲击击垮，是不是就足够安全了呢？例如下单这个场景，实际上会需要很多系统的协作，如用户登录、浏览商品、看看商品评价，下单之后，要计算优惠、要查询库存等。任何一个涉及的系统出现问题，都可能造成下单失败。下单链路越复杂，经过的应用越多，下单这个动作就越脆弱。

我们再回头想一想：整个下单链路上是不是所有环节都是下单的必要条件。例如，下单时，看不到店铺的"相关物品推荐"，能不能下单？看不到商品评价又如何？这些对于下单这一场景来说都是锦上添花的事情。在极端情况下，不能够因为这朵花，破坏了整匹布。当弱依赖环节出现不可用的情况，将弱依赖自动降级，可保障核心环节的稳定可靠，在实际的生活中类似于"弃车保帅"的策略。

自动降级需要对链路进行强弱依赖梳理，了解这个链路上哪些环节是可以降级的。通过监控可以知道每个调用的响应时间、线程数、异常，这样在调用链路中，如果一个环节不可用对于发起调用的应用来说，是可以自动感知并且探测到的。一旦探测到某个弱依赖不可用，将促发自动降级，让业务请求依然可以往下执行。过了一定的时间窗口之后，再监测问题系统是不是恢复正常。如果还没有，继续降级，否则就恢复对这个系统的正常调用。

有了自动降级之后，我们具备了弱依赖系统出问题不影响业务的能力。在2015年双11备战中，我们遇到了一种新的场景：一个系统的局部机器由于硬件、软件、环境等原因可能出现机器之间的能力不均衡，特别是当系统的规模大了之后，这种不均衡体现得更加明显。在系统机器能力不均衡的情况下，限流、自动降级都无法很好地完成系统保护的职责。

2.7.3 流量调度

对于系统机器之间的能力不均衡，流量调度提供了完美的解决方案。阿里的分布式系统很多都有上千台机器的规模，并且相互之间调用关系复杂。机器规模大了，局部机器出现问题的概率变高。比如一台机器出问题的概率为1/10000，1000台机器出问题的概率就为10%；而调用链路深了，问题的影响面会被放大，假设每个环节都有10%的机器出问题，调用链路经过3个环节，用户被影响的概率为27%（1–90%×90%×90%）。

分布式环境调用链路局部问题会被放大到整个链路。在大流量情况下，任何单个系统都无法处理如今这么复杂的业务逻辑。在天猫上的任意一个请求，涉及的绝不仅仅是一个系统，而是一整条链路。而链路中任何一个单点出现问题，比如任意一台机器的响应时间变长，或者调用链路上的单点不可用，会直接导致整个调用链路响应时间变长或者调用链路不可用。单点、局部问题会被放大成面，线上所有的调用链路响应时间真实的情况其实是网状结构，我们的一个应用会有多个上、下游应用，因而一旦我们的单点、局部出现问题，可能导致的是下游的应用都受到影响。1%的机器出现故障，甚至可能导致100%的业务出现问题。

流量调度，就是要屏蔽所有机器的软硬件差异，根据机器的实时服务能力来分配机器的实时流量。实时服务能力好的机器，多分配流量；实时服务能力差的机器，减少流量分配；实时服务能力不可用的机器，迁移流量。流量调度前后效果对比如图2-28所示。

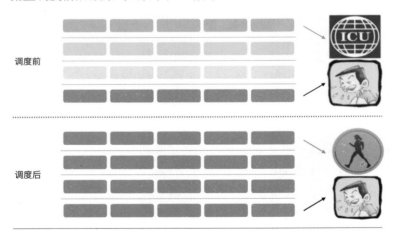

图2-28　流量调度后的效果

 负载保护

流量调度能解决系统能力不均衡或者局部机器出现问题的场景，如果出问题的机器非常多，已经占据系统超过50%的机器，这时再进行流量调度策略会关闭[1]。这种场景出现了怎么解决呢？当大部分机器的系统负载处在一个比较危险的情况下，我们会自动对外部的流量进行限制，减少外部

1
进行调度可能会导致整个系统的雪崩效应。

流量进来，缓解系统的压力，自动进行负载保护。

负载保护使得系统的每台机器都具备自我保护的能力，当限流阈值设置得不合理或者出问题的机器数超过了流量调度的机器数上限之后，单机的自我保护策略成为保命的稻草。

 预案

负载保护策略让我们的系统屹立不倒，然而对用户的请求是有损的，如果因为系统保护或者其他状态而影响到大量用户的体验，我们会启动另一个策略——执行预案。

为了准备双11，我们会提前准备好各种应急预案，也就是在各种不同的紧急情况下应该如何面对的方案。当天，我们各个系统的负责人、运维、客服、老板都会集中在一个叫作光明顶的地方，不是为了在光明顶比武，而是快速协同实在太重要了，不能浪费一点时间，最快速地处理突发情况。对于这些突发情况，我们都会事前备很多应对方案，录入专门的预案平台，如图2-29所示。

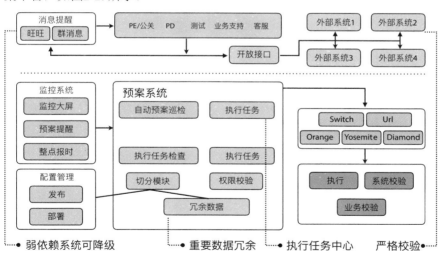

图2-29 预案平台

大到地震，所有机房都瘫痪了，我们应该马上切流量到异地机房，启动冷备；小到某种情况下，改变某个系统给的一个内存值。每一个预案都要经过无数次演练，从决策、执行、通知到结果验证做到万无一失。

2.7.6 总结

限流、自动降级、流量调度、系统负载保护对整个链路进行了一个立体的自我保护：自动发现线上的稳定性问题、采取合适的处理策略，在不需要人为干预的情况下将问题化解于无形中。对外，通过限流，挡住超过系统容量的请求；对内，对不可靠的弱依赖系统进行自动降级，对强依赖系统进行流量调度，让问题应用自愈；同时对单机模式也会根据系统负载进行过载保护；对线上可能的突发情况，则通过在预案平台执行预案，让变更能够及时、透明地执行，并且通知到相关的负责人。系统自我保护是稳定性保障的最后一道屏障，通过一系列的系统保护策略，最终让大家过一个稳妥的"剁手节"。

第3章

技术拓展商业边界

双11业务的快速发展驱动了系统架构的不断演进，而从另一个角度看，技术的升级也在各个方面促进着双11业务的发展。本章我们将从招商选品、智能搜索、个性化推荐、供应链及花呗等多个方面介绍技术升级在促进双11业务发展中发挥的巨大作用。

阿里电商平台上拥有海量的商家和商品，为了让消费者在双11能够买到物美价廉的商品，我们打造了基于海量数据、离线与实时计算相结合的招商选品系统来高效地筛选出高品质的商品，而价格申报与管控系统则保证了双11商品的价格优势。

在消费者端，我们运用深度学习、强化学习等人工智能领域的相关知识不断优化搜索引擎和推荐系统，让其从冷冰冰的系统不断成长为越来越懂用户的智能购物助手。

随着双11交易额的节节攀升，商家服务能力、快递配送速度都受到了严峻的挑战，严重影响了消费者的购物体验，为了统筹提升商品从生产采购到送达消费者过程中的整体效率和服务确定性，我们从2013年开始供应链平台的建设，着手解决供需匹配和后端履行等一系列核心问题。

2014年年底，基于阿里巴巴和蚂蚁金服多年积累的数据，以及在小微信贷领域积累的大数据风控和技术经验，蚂蚁花呗横空出世。花呗的出现，让广大消费者充分感受到了网购时"先消费，后付款"的顺滑体验，真正做到了让金融普惠起来，99.999%的支付成功率也让花呗成了双11的又一抢货神器。

正如马云所说："如果说Google是在拓展技术的边界，我们就是在用技术拓展商业的边界。"技术的创新与发展必将不断推动商业模式的升级与变革，在生活的方方面面影响我们每一个人。

3.1　招商报名[1]，活动基础设施建设

▼ 执笔人
元让：天猫产品技术部技术专家，活动招商技术负责人；
妙风：天猫产品技术部高级技术专家，活动链路技术架构师，双11大促天猫技术总PM。

　　2011年是双11走向产品化的第一年，双11团队首次站在了风口浪尖。时间定格到2011年11月10号23:33分，旺旺群里有商家反馈商品的售卖金额披露不正确，一石激起千层浪，当时所有的参战人员开始紧锣密鼓地排查问题。由于距离双11零点开场只剩不到30分钟，商家提报上来的商品有数百万，指挥部决定启动之前准备好的紧急预案，重新设置商家提报上来的价格，但万万没想到的是预案执行中一行代码有问题，导致商家提报上来商品的尺码、颜色等SKU[2]属性被误删除。双11产品总指挥脱欢[3]和技术总指挥南天两个人把自己关在会议室里，花了两小时捋思路、找问题、定方案……终于在凌晨3点各团队开始进行数据恢复，同时组成10人小分队，坐在营运中间，收集商家反馈并处理。直到上午10点左右，用户量重新回到正轨，系统平稳运作。

3.1.1　惊魂一夜后的痛定思痛

　　经历惊魂一夜，双11团队痛定思痛，详细梳理复盘每个细节问题：

（1）商家反馈金额错误，原计划以1折售卖的商品，在提报优惠价格时填写成了0.1折，199元变成了1.99元。事后从日志发现，其实仅有个别商家理解错误，该问题是后面一连串问题的直接起因。

（2）商品SKU被误删除。整体技术方案采用提前改价的优惠生效方式，当问题发生时启动数据回滚，但预案程序存在问题，将部分商品的SKU信息覆盖删除，导致商品缺色断码。

（3）由于系统恢复较慢，部分商品零点价格还未生效，着急的商家手动修改商品一口价来实现打折，但随着系统逐渐恢复，折扣开始生效，叠加商家已经修改的一口价，导致商品折上再打折。

　　在这惊魂一夜中，平台对接数万名商家，系统稳定准备的不足、商家产品宣导的不足、商业应急措施准备的不足，让这年的双11在商家心里留下了一定的阴影，第二年双11商家大会上大家一致认为最迫切的需求是系统稳定可靠。

1
招商报名：是活动期间天猫面向商家收集信息的主要渠道，也是商家与平台进行商业合作的主战场。按类型大致可分为商家报名（协议、反向招商）、营销工具设置（价格申报、购物券、优惠券、运费险等）、会场素材报名（主会场、行业会场）。

2
SKU：Stock Keeping Unit（库存量单位）。现在已经被引申为产品统一编号的简称。

3
脱欢：时任双11产品总指挥，现任手机天猫资深产品专家。

1. 价格申报系统（2011—2012年）

为彻底避免类似问题再次发生，我们构建了新系统，命名为"价格申报"，专注于解决活动期间商品价格问题。

新系统摒弃了修改商品"一口价"[1]的方案，首次引入了"专柜价"[2]概念。因不需要修改商品的一口价，不影响商家日常售卖，所以不再需要提前30分钟改写商品价格，出现问题也不需要回滚数据，避免再次出现忙中出错的情况。

新系统引入了新的优惠方式"最终售卖价"[3]，避免商家对折扣产生歧义，出现折上折的情况。价格设置体系精确到SKU粒度，与商品发布保持同步，确保每个SKU的价格真实还原。定制商品详情页的预览功能，保证商家所见即所得，高度仿真活动效果。日常售卖价格与活动售卖价格对比如图3-1所示，天猫价格体系如图3-2所示。

[1] 一口价：非活动期间作为"商品原价"，当商品没有设置优惠信息时，将会以一口价进行售卖。

[2] 专柜价：在活动期间作为"商品原价"，当商品没有设置优惠信息时，将会以专柜价进行售卖。

[3] 最终售卖价：也叫作"活动价"。商家设置折扣率/折扣金额/最终售卖价，然后由系统计算后输出。

图3-1　日常售卖价格与活动售卖价格对比

图3-2　天猫价格体系

新的方案涉及两个关键核心系统，商品中心[1]和优惠平台[2]。我们想到把优惠信息复制一份到IC中，采用了客户端容灾方案，即使在优惠服务端无法响应的情况下，还能通过IC中存储的信息进行优惠计算，大大增强了优惠计算的可用性。

2. 价格管控系统（2012—2013年）

2011年双11结束后，客服同学接到了大量消费者关于价格问题的投诉，反映商家违背承诺，没有提供足够优惠的商品价格。为了保障消费者的利益，需要改变这种现状，引入数据和算法能力来规范商家的价格体系，价格管控系统应运而生。

这个系统的难点在于海量的数据分析和近乎苛刻的实效性要求。天猫的商品数量以每年30%左右的速度增长，SKU数量更是高达数十亿。系统要在每天商家上班前做完所有商品的检查和清退，以便商家能够尽快完成商品修改，不错过任何一个参与活动的机会。

- **海量数据处理**：为了在数小时内完成上亿的数据处理，系统采用了分布式任务分发处理机制。由一台高性能服务器进行数据分组和分发，然后交由30台服务器集群进行任务的消费和处理，单机QPS可达2000多；同时系统还要有动态监控服务调用响应时间的能力，动态调整请求量，保证不因瞬间的高并发导致下游系统崩溃。

- **动态服务横向扩展**：价格长期是商业竞争的重要战场，要快速调整业务策略，就要求系统拥有动态扩展的能力。价格管控系统使用ZooKeeper进行服务配置的分布式管理，实现了服务的动态注册和横向扩展。

- **离线与实时技术结合**：为保障整体链路数据的一致性，我们采用了离线与实时相结合的计算方案，搜索引擎+ODPS[3]离线数据+实时服务，综合多维度数据指标，对活动商品进行全方位监控，保证海量活动数据无一出错。

- **容灾能力**：系统默认开启容灾功能，当被监管商品超过一定的阈值时，系统会自动触发熔断机制，同时发送监控报警，确保线上大盘稳定。

一套兼具活动报名、优惠容灾、价格管控、大促稳定性保障功能的全新商品价格设置系统赶在2012年的双11前诞生，为双11保驾护航，为大促活动打下了坚固的基础。双11商家数、商品数每年以30%的速度增长，当

1

商品中心：简称IC，消费者访问详情页、进行交易下单等行为首先就需要从商品中心获取商品信息，承载着日均数十亿的访问量。

2

优惠平台：平台营销业务的主阵地，承载着大量业务玩法，计算逻辑复杂。

3

ODPS：全称Open Data Processing Service，即开放数据处理服务。它是基于飞天分布式平台，由阿里云自主研发的海量数据离线处理服务。ODPS主要应用于数据分析与统计、数据挖掘、商业智能等领域。阿里金融、淘宝指数、数据魔方等阿里巴巴关键数据业务的离线处理作业都运行在ODPS上。

前价格申报系统依然高效、稳定，商家满意度不断上升，如图3-3所示。

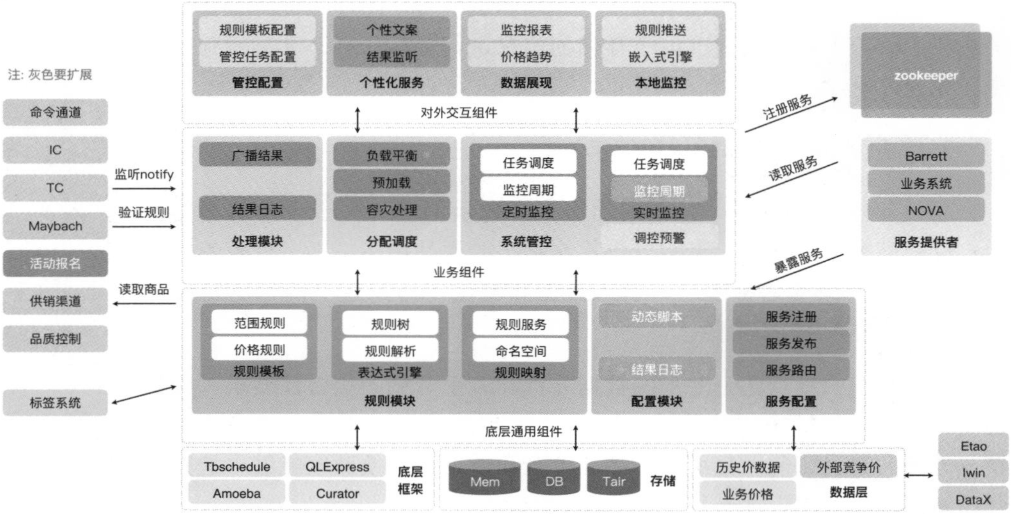

图3-3　价格管控系统

 3.1.2 硝烟中的平台化建设

2013年中国超越美国，成为全球第一大网络零售市场。此时的中国电商市场经历了多轮重组洗牌，几大巨头都已在各自的领域站稳脚跟，随时等待机会出击。在此轮竞争中，马云赋予了天猫冲锋陷阵的角色，而活动又恰好是电商间激烈拼杀的主战场。此时又恰逢移动化的大潮，多元化的营销、会场、互动、直播、站外合作等玩法层出不穷。如何能在此轮混战中脱颖而出，保持旺盛的战斗力，成为摆在我们面前的首要任务。

从那时起，活动产品平台化建设提上了日程，天猫成立了快速活动团队，专注于活动平台的产品化建设。通过数年双11的历练，活动平台已经构建成了一套完善高效的活动解决方案，如图3-4所示。

1. 基础设施产品化（2013—2015年）

在活动实施过程中，长期存在着大量的重复劳动。例如搜索页、商品详情、购物车、交易下单、订单详情、付款成功等页面中都需要有活动的氛围，每次活动重新开发，资源浪费严重，急需产品化的解决方案。为此，我们设计了一套可伸缩、可动态部署的活动规则管理平台。

图3-4 快速活动业务架构

（1）**规则模块化：按需伸缩**。作为活动的顶层设计，与核心系统链路打通，定义链路执行规范。所有的控制及信息透传策略在统一入口配置完成，下游系统根据时间及规则自动执行。根据活动心智的不同，打底规则默认配置以降低资源投入和操作风险。方案的核心在于规则模块化，这里有两个很重要的优势——独立性和统一性。前者将不同子规则逻辑隔离，彼此推送过程不会影响其他下游链路，误删除或误操作不会传播到所有单元；后者则表示规则具有高度抽象化，不同业务逻辑在技术实现上进行统一，采用一致存储和统一入口，操作上简约明了。

（2）**规则灵活化：秒级生效**。在规则平台实现中有以下关键点：针对定义的两部分内容（需要展示数据和透传的规则）进行统一资源调度，实时输出到应用系统内存中，规则可以通过脚本语言动态编辑，理论上可实现规则的无限扩展和动态编辑。通过ConfigServer[1]调度，监听消息进行拉取实时变化规则信息，最终实现秒级生效并满足在高峰期的全链路推送。

　　活动规则产品化方案不仅解放了研发的生成力，也减少了运营、产品需求沟通的成本，多方共赢的局面很快得到大家认可，快速覆盖了大部分活动场景，支持了活动的70%以上的业务需求，运营一键完成活动配置不再只是梦想。

1
ConfigServer：淘宝、天猫等的配置中心，是一个基于"发布-订阅"模型的分布式通信框架。

2. 数据赋能运营（2015年至今）

随着天猫业务的发展，如何快速地从亿万级别的数据中选取出"好商品"，用于定向的招商和投放，成为活动运营的迫切需求。一套实时在线交互数据化工具uplus满足了运营的心愿，如图3-5所示。

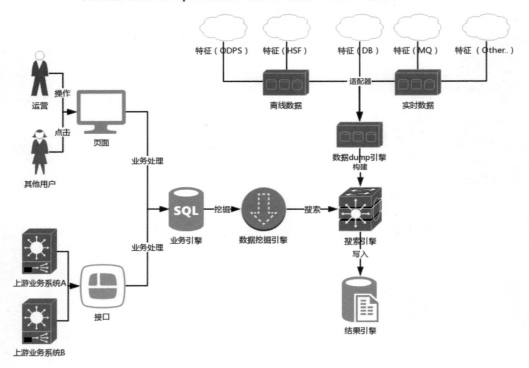

图3-5　在线交互数据化工具uplus

- **丰富的特征**：覆盖了天猫、淘宝、各个行业的1000多个商家和商品维度的特征，系统化地对接工具和流程，支撑了数据全自动流转。特征的丰富度保证了系统能够满足多样的活动、选品业务场景。

- **毫秒级别的响应**：基于开源的Drill框架及淘宝内部搜索引擎做了定制，drill层屏蔽业务的复杂性，search层封装数据的存储及搜索过程，响应时间只需几毫秒，极大地提高了运营工作效率[1]。

- **可视化的操作与结果分析，数字化的解读**：特征的多样性决定了操作的复杂性，uplus提供了非常友好的可视化界面，让人仿佛感觉到身边有一个数据分析师在默默支持着你。uplus已经成为运营小二[2]和算法及开发人员之间的"通用语言"。

1
公司外部的其他开源大数据分析框架往往都是分钟级别，执行效率相比uplus差了一个数量级。

2
小二：阿里内部及淘宝商家对淘宝、天猫等工作人员的统称。

- **海量数据：** 亿级别的数据与1000以上的特征交叉，其中不乏跟类目品牌相关的多维数据特征，产生的数据量非常大，存储达到了PB级别。在数据层，通过数据dump的方式，将实时和离线数据做了隔离。在应用层，离线与实时数据的结合，使小二调整结果实时反馈到系统中，保证了小二操作的通畅性。

时至今日，快速活动已是连接运营和商家的重要桥梁，运营进行商业协作的主要阵地之一， 支持着平台一日一小促、一周一大促的目标，如图3-6所示。

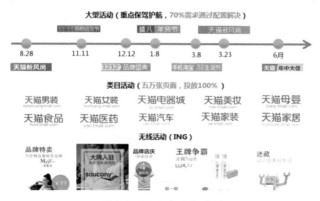

图3-6 活动产品化成果

3.1.3 数据化驱动升级思考

曾鸣教授[1]发表在《哈佛商业评论》的一篇文章中提到：智能商业是在反馈闭环中的"三位一体"。

数据化、算法加上产品构成了智能商业的三个基石，例如谷歌，其搜索引擎的三大核心：一是网页内容的数据化，二是基于PageRank的算法引擎，三是谷歌巨大的产品创新——极为简洁的搜索框和基于相关性排序的结果页。然而这还不够，要让智能商业一天比一天更聪明，还有一样东西不可或缺——反馈闭环。用户在搜索结果页上的每一次点击（或者一次点击都没有）的行为数据被实时记录并反馈到算法引擎，不仅优化了你的搜索结果，还优化了任何搜索这个关键词的人得到的搜索结果。

用户行为通过产品的"端"实时反馈到数据智能的"云"，"云"上

[1] 曾鸣教授：阿里巴巴集团执行副总裁、参谋长。

的优化结果又通过"端"实时提升用户体验。在这样的反馈闭环中，数据既是高速流动的介质，又持续增殖，算法既是推动反馈闭环运转的引擎，又持续优化，产品既是反馈闭环的载体，又持续改进功能，在为用户提供更赞的产品体验的同时，也促使数据反馈更低成本、更高效率地发生。

一言以蔽之，数据化、算法和产品就是在反馈闭环中完成了智能商业的"三位一体"。

本质上，商业从一开始就是基于某种"反馈闭环"的，了解客户所需，提供相应的产品或服务。然而不论是发挥商业天分猜客户需求，还是通过市场调查听客户需求，始终失之于准确，困之于成本。不过目前，当客户可以通过全实时的数据把他们的需求直接告诉商家时，当商家可以凭借敏捷迭代的算法引擎精确满足客户的需求时，当产品借助互联网的巨大能量成为数据智能和用户实时互动的端口时，我们终于可以说，我们第一次找到了促使这反馈闭环更低成本、更高效率、甚至自动运转的颠覆性工具——它可以被称作一部数据智能的"永动机"，只要有在线的互动，有数据的反馈，机器就永不停歇地学习，实时敏捷地优化。

数据、算法、产品在反馈闭环中三位一体，惟其如此，智能商业才能完成对传统商业的降维攻击，DT时代的商业跃升才有了发力点。

3.1.4 总结

2016年，双11成交金额高达1207亿元。传统的思维方式已经不足以应对这么一个庞然大物，数据、算法、产品三位一体的结合必将给活动带来无限的想象空间。依托双11这个巨大的市场，我们有机会实践人工智能在全世界范围内最大规模的应用，每个消费者在购物时都有一个"专家"在为你挑选最符合心意的产品。同时，大量的用户行为数据反哺着业务，让我们的推荐算法变得更加智能、更加精确。人工智能的时代已经在不知不觉中到来，一切业务数据化，一切数据业务化，天猫活动产品仍在不断演进中。

3.2 会场，小二与商家共同打造的购物清单

▼执笔人

扬林：天猫产品技术部运营&商家平台技术专家，天猫斑马&投放平台技术架构师；

妙风：天猫产品技术部高级技术专家，活动链路技术架构师，双11大促天猫技术总PM。

根据中国互联网络信息中心披露，截至2016年6月，中国网民规模为7.1亿，互联网普及率达到51.7%，网民增速逐年放缓。互联网人口红利逐渐消失，靠流量自然增长拉动电商交易额增长的时代即将过去，如何服务好消费者，让他们买到称心如意的商品，留住客户，是每个电商导购类产品都需要解决的难题。双11导购类产品——双11会场，在这个背景下应运而生。

3.2.1 会场介绍

双11会场是双11购物页面的集合，是以页面导航的机制组织起来的页面群，消费者在这里可以找到最有吸引力的货品，享受到最优质的商家服务，尝试到最有趣的活动玩法，同时这里也是商家发挥自主运营能力的重要阵地。会场是整个双11活动中最能体现平台、商家、消费者三方意志的商业平台。按照功能维度会场可以分为以下几种。

- **主会场**：会场统一的入口页，为其他会场和商家店铺页引流的页面，如图3-7所示。

- **行业会场**：以行业类目为维度的货品组织方式，例如男装会场、手机会场等。

- **标签会场**：以人群/话题/兴趣为心智的内容组织方式，例如必抢会场、辣妈会场、码农风会场等，如图3-8所示为运动户外会场。

- **直播会场**：以网络直播方式组织内容方式——商家邀请专业导购或网红明星为主播完成导购、促销、团购等商业模式，例如九牛与二虎、魔幻旅行团、拜托了大神等。

图3-7 主会场

图3-8 运动户外会场

3.2.2 会场技术体系演进

会场技术体系的演进可以划分为三个主要阶段，如图3-9所示。

图3-9 会场演进三阶段

1
赛马：阿里内部专有词，意思是在同一规则下的平台资源竞赛，优秀者得。它不同于相马模式，赛马更鼓励创新，讲求生态，鼓励公平竞争。

- 2009—2012年，会场页面基础搭建阶段。会场制作由运营、UED、产品经理、前端开发、后端开发通过项目协同，流水线方式完成，实现运营自助搭建。

- 2012—2015年，会场赛马[1]阶段。首次通过数据化方式驱动业务发展，以平台规则驱动商家优胜劣汰，给予消费者好货、好价、好服务的货品，这个阶段衍生出全新的页面搭建系统和投放系统，使前台转化率提升。

- 2015年以后，会场平台化升级阶段。平台支撑业务创新的百花齐放，支撑业务快速奔跑，达到一日一小促、一周一大促、月月双11的能力，支撑业务稳定性和业务之间的相互隔离。

1. 会场页面基础搭建（2009—2012年）

2009年之前，整个淘系[1]的活动页面是由开发工程师根据产品和运营的需求定制研发出来的，一张页面平均耗时为三天，而且如果运营小二想要在页面上修改一些内容，需要通知开发工程师修改代码来完成，这种工作模式持续了很久。

2009年，会场的技术团队接到了一个艰巨的任务——举办一个叫双11的大型活动。之前一个大活动都是数十张页面，而这次不仅需要数百张会场页面，运营小二还希望可以随时更新页面数据并发布，按照老的页面制作模式，不可能如期完成。所有人都在思考如何快速地、符合当下场景地完成这个艰巨的任务。当天深夜，回到家中的技术负责人突发灵感想到正在使用的博客系统，其主题和插件机制本质上就是同类解决方案。面向天猫的场景则是创建一套基于模板/业务模块的页面搭建工具：高度抽象业务场景为模块（如"猜你喜欢"），通过在被实例后的初始模板中添加模块来创建页面可以快速高效地批量生成页面，而模板和模块的视觉风格在需求没有变化的情况下可以被无限复用，这样可大大减少开发和UED的成本，梳理思路如下：

- 运营小二有上百人，也是会场页面需求大户，要做一个系统能让运营自己"玩"，自助搭建会场页面，减少设计师、前端和后端的研发成本，也能沉淀很多行业运营固定模块和玩法。

- 会场产品非常适合用流水线的方式来协同，每个角色只用关心自己的产出，这样可以减少大家的协同成本。

- 根据本次双11活动的需求，梳理出10个不同风格的页面，22个不同样式的模块，在当前的人力资源分配下，可以如期完成页面的制作。

第二天召开技术评审会，明确了技术细节、研发节奏、上线时间和运营培训计划，大家信心满满地开动起来。

经过一个月的研发，会场页面搭建系统诞生了：系统的核心是模块，模块的最大优势是可以复用。前端开发按照运营的需求，开发页面模块，并按照标准格式沉淀到搭建系统里，运营创建页面，添加相应的模块到页面上，然后在这个模块上，运营根据自己的运营经验将商品排好序，这样就完成了一个模块线上化工作。创建好的页面也可以沉淀成页面模板，供下

1

淘系：指对淘宝、天猫模式共同维系的商业体系，包括但不限于淘宝、天猫、聚划算等。

次活动或者其他人复用。所有的需求都围绕着模块来进行，针对模块的页面搭建流水线就建立起来了，会场协作的效率也大大提高，如图3-10所示。

图3-10　页面搭建流水线

目前诞生于那次构想的会场搭建系统已经支撑数以千计的运营搭建了数万的页面，前端模块开发者提供了上千个模块，会场搭建方案成为集团页面构建体系的基础。

2. 赛马机制优胜劣汰（2012—2015年）

会场页面搭建提效工作告一段落，此时会场团队的规划面临两个方向，一是继续扩张，让更多的业务使用会场搭建系统，二是把会场业务深耕细作下去。秉承着只有把自己的业务做好，才有经验和能力帮助别人的理念，会场团队将重点从搭建提效转变为会场提能，帮助运营提能，帮助商家提能，将双11会场业务做得更好。

在这个背景下，会场团队开始梳理业务，把平台、消费者、商家有什么和要什么两个问题先梳理清楚，如图3-11所示。

图3-11　梳理业务

如果用一句话来描述图3-11，就是"平台要把流量给提供了好价、好货、好服务的商家来满足消费者的购物需求"，于是问题就变成了如图3-12所示。

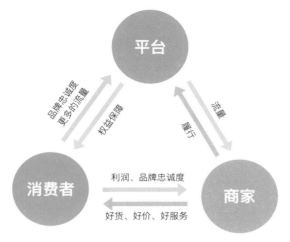

图3-12　平台、商家与消费者

　　经过分析和演进，2012年之前会场重点就是让优质的商品和商家有更多的流量。会场页面上的商品和店铺是运营人工指定顺序的，有以下问题：

- "好"和"坏"商品的定义凭行业经验，行业经验少的运营带来的页面效果也就不好。

- 数据由运营人工指定调整，一张页面算200个坑位[1]，100张页面就是20000个坑位，运营工作量很大。

- 页面搭建好了，商品一个萝卜一个坑就不变了，会造成消费者的审美疲劳。

- 商家想提升自己商品的排名，没有抓手[2]，逐渐失去驱动力。

　　会场页面需要"活"起来、"动"起来，这些商品必须按照一定的顺序规则来排序，提高优质商品排名，淘汰劣质商品，激励商家竞争意识，将最好的货、服务提供给消费者；把商家竞争意识、消费者行为、平台意志结合在一起，打造一个生态闭环。这种优胜劣汰的机制就是赛马。

　　赛马的思路受到大家的一致认可，大家继续讨论产品方案、技术方案，要把这个设想落地下来，思路大致如下（如图3-13所示）：

- 需要一个数据投放引擎替代运营人工指定排序的操作，引擎需要支持千万商品级的排序，而且可以横向扩展支持亿级商品量的排序，每次排序的耗时不能超过1分钟。

1

坑位：指页面上一个商品或者店铺展现和曝光的位置。

2

抓手：原指人手可以抓握和受力的部位，在工作中泛指为了完成目标，能够切入和发力的事情。

1

预热期：会场并未开始正式售卖，只是提前披露活动当天的价格来吸引消费者收藏商品或加入购物车，为正式售卖阶段做好准备。

2

正式期：指会场正式售卖阶段，这时商品优惠价格正式生效，消费者可以下单购买了。

3

Galaxy：一套支持SQL定义业务逻辑的流计算服务化平台。

4

Gallardo：基于原生Storm系统开发，在其中实现了一套资源管理机制，资源层面提供弹性资源管理、资源隔离机制，并提供一些调度策略。

5

媒体大屏：是向新闻媒体、记者实时披露双11各种维度指标数据的数字大屏系统，如成交数据、物流信息等。

- 运营可以指定排序赛马的指标，指标的接入需要极强的扩展性。

- 指标要保障实时性。例如商品实时成交金额指标延迟不能超过10秒。

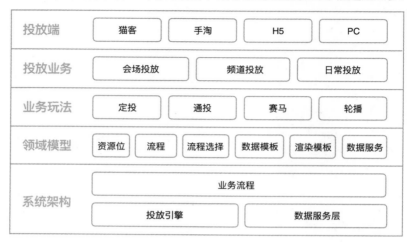

图3-13　投放引擎

（1）指标的扩展

○ **横向扩展**：接入更多的指标，投放系统将指标标准化（统一接口、输入、输出），给排序引擎统一的界面。目前系统有100多种赛马指标，覆盖了天猫十大行业；囊括了双11预热期[1]（如加购数、UV、PV、支付宝成交金额、加收藏夹人数等）、正式期[2]（如成交数量、成交金额、商品成交、店铺成交等）。

○ **纵向扩展**：指标可以自由复合加权组合，得到新的指标。

（2）指标数据实时性

实时指标计算的核心是基于Storm的实时计算引擎Galaxy[3]和实时调度引擎Gallardo[4]，系统的架构可以高性能、横向线性扩展。2016年双11全天订单创建有6亿多笔，零点瞬时订单量超过12万笔/秒，全天日志量更是达到数百亿之多，数百个实时应用均能秒级响应。

2012年引入了赛马机制，整体上会场的活性得到了大大增强，给商家提供了活动运营抓手。2013年赛马接入了双11媒体大屏[5]的实时指标，这些指标是秒级延迟，突破了之前一天只能赛马一次的限制（指标一天更新一次），可以支持多次赛马，提高了商品轮替频次。2014年和2015年赛马的指标已经行业化，每个行业可以定制自己的赛马指标，满足不同行业的赛马需求。

2016年双11会场页面几乎都是通过赛马排序展现的，会场赛马支撑着1.5亿独立用户访问，零点QPS峰值到达40000。根据数据分析师的统计，从会场带来的成交占大盘的30%，赛马起到了至关重要的作用。

3. 会场页面平台化建设（2015年以后）

2015年，天猫技术部提出"要做最懂商业的技术团队"，配合着大众创业、万众创新的互联网+浪潮，集团内的创新业务如雨后春笋般涌现。很多新创建的技术团队有想法、有创意，但是没有基础建设的沉淀，例如页面搭建、投放数据能力等。这个背景下会场团队提出平台化升级的思路，开放平台基础能力，为更多的创新型业务提供土壤，让技术回归技术，让商业回归商业，赋能业务开发人员，进而让他们去赋能运营、消费者和商家。经过两年的打磨，投放平台完成平台化升级，如图3-14所示。

图3-14 投放平台系统架构

（1）数据访问标准化层

对业务领域模型的持续重构，可以抽象出通用的平台SDK（Software Development Kit）。按数据流处理的方式，把投放业务开发流程抽象为数据召回、数据排序、数据过滤、数据补全等流程步骤。SDK暴露给上层业务开发一套简洁的DSL（Domain Specific Language），以满足上层业务快速开发的需求。

（2）业务动态部署能力

业务快速变化，需要有业务代码快速上线的能力。投放系统构建了一套Web开发环境；动态编译业务代码，秒级发布上线。业务量快速增长，数以千计的业务代码共享同一个系统资源池，需要管理每个业务使用的资源配额，隔离业务运行环境，避免业务间的相互影响。应对活动大促流量峰值，业务代码的性能问题至关重要，人工的业务压测已经没办法在有限的时间内完成，自动化业务压测系统应运而生。

（3）通用性打底[1]和容灾能力

打底，投放系统不产生数据，而是数据的搬运工，数据源头如果不稳定，会影响整个用户的体验，于是投放统一打底应运而生。

容灾，投放采用异地多单元部署，如果某个机房断电，或者网络不通，可以在统一接入层切换到别的单元，大家一定记得一根光纤引发的血案[2]吧，也许攻击一个机房最好的方式就是找到主干光纤，然后挖下去。

截至目前会场投放平台对接了100多个大小业务，累计有10万多个页面，日均百亿的请求量，双11秒级峰值50万次请求，会场投放平台肩负着技术提升研发效率、数据驱动运营模式升级的使命，以开放、共享的精神继续前行。

3.2.3 总结与展望

会场业务经过多年的飞速发展，系统从最初的运营人工指定坑位、自助搭建页面解决会场需求多变的问题，到单指标赛马、多指标赛马提升商家自驱力鼓励商家竞争，到整体系统平台化升级支撑越来越多的业务创新。三个阶段通过技术不断赋能运营小二，使得小二在烦琐的页面搭建中解放出来、赋能商家，让商家有更多货品和流量运营的抓手、赋能业务开发，让业务开发可以充分发挥自己的创新力，从而更进一步地服务小二、商家和消费者。

2016年阿里在电商板块的战略规划包括内容运营、农村电商、国际化和新零售，未来全世界线上线下的货品将会在会场中售卖，全世界的消费者将会不断加入双11的狂欢盛宴中，会场平台将会往内容化、社区化发展，承载的主题也不仅是商品，还会有更丰富的导购形式，如直播、内容导购、VR导购等。为了更好地满足消费者发现与筛选内容的诉求，依据消费者的偏好、行为、人群属性给出更加动态呈现的内容，会场体系需要再次升级，构建全新的智能内容引擎，为每个消费者打造自己专属的、独家的双11会场。

1
打底：投放术语，指在投放依赖的下游系统，或者投放系统本身出现服务超时、服务器宕机时仍然能够提供数据的能力，尽量减少对消费者购物体验的影响。

2
一根光纤引发的血案：是指因杭州市政道路建设导致网络光缆被挖断，从2015年5月27日下午5点开始，部分用户短时间出现了无法正常使用支付宝的情况。

3.3　搜索，大促场景下智能化演进之路

▼执笔人

仁基：搜索事
业部认知计算
实验室研究
员；

元涵：搜索事
业部基础排序
高级算法专
家；

仁重：搜索事
业部无线搜索
高级算法专
家。

近十年，人工智能在越来越多的领域走进和改变着我们的生活，而在互联网领域，人工智能则得到了更普遍和广泛的应用。作为淘宝平台的基石，搜索也一直在打造适合电商平台的人工智能体系，而每年双11大促都是验证智能化进程的试金石。伴随着一年又一年双11的考验，搜索智能化体系逐渐打造成型，已经成为平台稳定健康发展的核动力。

3.3.1　演进概述

阿里搜索技术体系目前基本形成了offline、nearline、online三层体系，分工协作，保证电商平台既能适应日常平稳流量下稳定有效的个性化搜索及推荐，也能够满足电商平台对促销活动的技术支持，实现在短时高并发流量下的平台收益最大化。搜索的智能化元素注入新一代电商搜索引擎的各个环节，通过批量日志下的offline离线建模，到nearline下增量数据的实时建模，解决了大促环境下的数据转移机器学习（Data Shift Machine Learning）能力，基本实现了搜索体系从原来单纯依靠机器学习模型做高效预测进行流量投放，到从不确定性交互环境中探索目标的在线学习、预测和决策能力进化。

2014年，我们首先实现了特征数据的全面实时化，将实时数据引入搜索的召回和排序中。2015年，我们在探索智能化的道路上迈出了第一步，引入排序因子在线学习机制，以及基于多臂机学习的排序策略决策模型。2016年在线学习和决策能力进一步升级，实现了排序因子的在线深度学习，和基于强化学习的排序策略决策模型，使得搜索的智能化进化至新的高度。

3.3.2　演进的背景

运用机器学习技术来提升搜索/推荐平台的流量投放效率是目前各大互

联网公司的主流技术路线，并仍然随着计算力和数据的规模增长，持续地优化和深入。这里主要集中阐述阿里搜索体系的实时化演进之路，是什么驱动我们推动搜索的智能化体系从离线建模、在线预测向在线学习和决策方向演进呢？概括来说，主要有以下三点。

首先，众所周知，淘宝搜索具有很强的动态性，宝贝的循环搁置，新卖家加入，卖家新商品的推出，价格的调整，标题的更新，旧商品的下架，换季商品的促销，宝贝图片的更新，销量的变化，卖家等级的提升，等等，都需要搜索引擎在第一时间捕捉到，并在最终的排序环节，把这些变化及时地融入匹配和排序，带来结果的动态调整。

其次，从2013年起，淘宝搜索就进入千人千面[1]的个性化时代，搜索框背后的查询逻辑，已经从基于原始Query演变为"Query+用户上下文+地域+时间"，搜索不仅仅是一个简单的根据输入而返回内容的不聪明的"机器"，而是一个能够自动理解、甚至提前猜测用户意图[2]，并能将这种意图准确地体现在返回结果中的聪明系统，这个系统在面对不同的用户输入相同的查询词时，能够根据用户的差异，展现用户最希望看到的结果。变化是时刻发生的，商品在变化，用户个体在变化，群体、环境在变化。在搜索的个性化体系中合理地捕捉变化，正是实时个性化要去解决的课题。

最后，近几年电商平台也完成了从PC时代到移动时代的转变，随着移动时代的到来，人机交互的便捷、碎片化使用的普遍性、业务切换的串行化，要求我们的系统能够对变幻莫测的用户行为及瞬息万变的外部环境进行完整的建模。基于监督学习时代的搜索和推荐，缺少有效的探索能力，系统倾向于给消费者推送曾经发生过行为的商品或店铺。真正的智能化搜索和推荐，需要作为投放引擎的Agent有决策能力，这个决策不是基于单一节点的直接收益，而是当作一个人机交互的过程，将消费者与平台的互动看成一个马尔可夫决策过程，运用强化学习框架，建立一个消费者与系统互动的回路系统，而系统的决策建立在最大化过程收益基础上。

 ### 演进的过程

搜索的智能化演进过程如图3-15所示。

---

[1] 千人千面：就是个性化，每个用户的搜索结果不一样。

[2] 比如用户浏览了一些女士牛仔裤商品，然后进入搜索输入查询词"衬衫"，系统分析用户当前的意图是找女性相关的商品，所以会展现更多的女士衬衫，而不是男生衬衫。

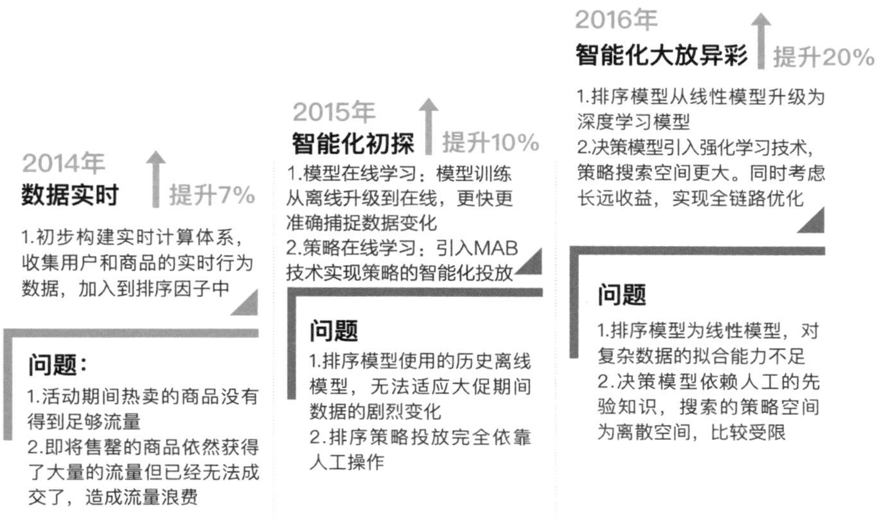

2014年
数据实时 提升7%

1.初步构建实时计算体系，收集用户和商品的实时行为数据，加入到排序因子中

问题：
1.活动期间热卖的商品没有得到足够流量
2.即将售罄的商品依然获得了大量的流量但已经无法成交了，造成流量浪费

2015年
智能化初探 提升10%

1.模型在线学习：模型训练从离线升级到在线，更快更准确捕捉数据变化
2.策略在线学习：引入MAB技术实现策略的智能化投放

问题
1.排序模型使用的历史离线模型，无法适应大促期间数据的剧烈变化
2.排序策略投放完全依靠人工操作

2016年
智能化大放异彩 提升20%

1.排序模型从线性模型升级为深度学习模型
2.决策模型引入强化学习技术，策略搜索空间更大。同时考虑长远收益，实现全链路优化

问题
1.排序模型为线性模型，对复杂数据的拟合能力不足
2.决策模型依赖人工的先验知识，搜索的策略空间为离散空间，比较受限

图3-15 搜索智能化演进过程

1. 2014年双11，实时之刃初露锋芒

技术的演进是伴随解决实际业务问题和痛点发展和进化的。

2014年双11，通过BI团队针对往年双11的数据分析，发现即将售罄的商品仍然获得了大量流量，剩余库存无法支撑短时间内的大用户量。主售款（热销SKU）卖完的商品获得了流量，用户无法买到商品热销的SKU，转化率低；与之相对，一些在双11期间展露出来的热销商品却因为历史成交一般没有得到足够的流量。针对以上问题，通过搜索技术团队自主研发的流式计算引擎Pora[1]，收集预热期和双11当天全网用户的所有点击、加购、成交行为日志，按商品维度累计相关行为数量，并实时关联查询商品库存信息，提供给算法插件进行实时售罄率和实时转化率的计算分析，并将计算结果实时更新同步给主搜、商城、店铺内引擎、天猫推荐平台、流量直播间等下游业务。第一次在双11大促场景下实现了大规模的实时计算影响双11当天的流量分配。

2014年双11当天，Pora系统首次经受了双11巨大流量的洗礼，系统运行可以说是一波三折。10号晚上，Pora系统和算法工程师早早守候在电脑前，等待这场年度大戏的到来。晚上9点，流量开始慢慢上涨，Pora系统负责人毅行[2]盯着监控系统上的QPS逐步上涨，心情是复杂的。有担心和紧张，害怕系统出问题，但更多的是期待，期待一年的努力能接受一次真正的考验。随着时针跨过12点，流量风暴如期而至。Pora QPS飙升到40万/秒，

1
Pora：搜索技术团队自主研发的流式计算引擎。

2
毅行：搜索事业部高级搜索研发专家，负责淘宝搜索的实时计算相关工作，现Pora系统负责人。

1
正常延时应该
是10秒内。

接近日常QPS的10倍。Pora整体运行还算稳定，但延时增加到30秒[1]，30分钟后，随着流量的回落，延时开始下降，暴风雨来得快，去得也快，大家松了一口气。本以为最难的一关都挺过了，后面将一路平坦，但上午9点半，意外来了。9点半突然接到负责引擎的同事的通知，由于Pora更新引擎的消息量太多，造成引擎的增量堆积，无法正常更新了，要我们马上停止更新。而停止更新将会让算法实时效果大幅打折，虽然一万个不愿意，但还是不得不妥协。一停就是3小时，下午13:00重新打开更新，当天累计更新6亿条实时增量索引。算法效果上，第一次让大家感受到了实时计算的威力，PC端成交金额提升5%，移动端提升7%多。

2. 2015年双11，双链路实时体系大放异彩

2014年双11，实时技术在大促场景上实现了商品维度的特征实时，表现不俗。2015年搜索技术和算法团队继续推动在线计算的技术升级，基本确立了构筑基于实时计算体系的"在线学习+决策"搜索智能化的演进路线。之前的搜索学习能力是基于批处理的离线机器学习。在每次迭代计算过程中，需要把全部的训练数据加载到内存中计算。虽然有分布式大规模的机器学习平台，在某种程度上批处理方法对训练样本的数量还是有限制的。在线学习不需要缓存所有数据，以流式的处理方式可以处理任意数量的样本，做到数据的实时消费。

接下来，我们要明确两个问题。

问题1：为什么需要在线学习？

回答：在批量学习中，一般会假设样本独立服从一个未知的分布，但如果分布变化，模型效果会明显降低。而在实际业务中，很多情况下，一个模型生效后，样本的分布会发生大幅变化，因此学到的模型并不能很好地匹配线上数据。实时模型能通过不断地拟合最近的线上数据解决这一问题。因此效果会较离线模型有较大提升，特别是在大促这种实时数据极为丰富的情况下。

问题2：为什么实现秒级的模型更新？

回答：相比离线长期模型，小时级模型和纯实时秒级模型的时效性都有大幅提升。但在双11这种成交爆发力强、变化剧烈的场景下，秒级实时模型时效性的优势会更加明显。根据2015年双11实时成交额情况，前面1小时已经大概完成了总成交的1/3，小时模型就无法很好地捕获这段时间里面的变化。

我们基于Pora开发了基于Parameter Server的在线学习框架，如图3-16所示，实现了在线训练，开发了基于Pointwise的实时转化率预估模型，以及基于Pairwise的在线矩阵分解模型。并通过Swift输送模型到引擎，结合实时特征，实现了特征和模型双实时的预测能力。

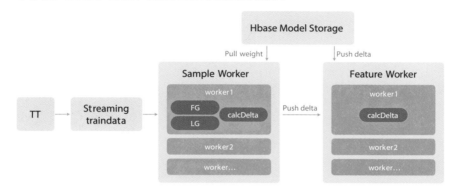

图3-16 在线学习框架

但是，无论是离线训练还是在线学习，核心能力都是尽可能提高针对单一问题的算法方案的准确度，却忽视了人机交互的时间性和系统性，从而很难对变幻莫测的用户行为及瞬息万变的外部环境进行完整的建模。典型问题是在个性化搜索系统中容易出现反复给消费者展现已经看过的商品。

如何避免系统过度个性化，通过高效的探索来增加结果的丰富性？我们开始探索人工智能技术的另一方向——强化学习，运用强化学习技术来实现决策引擎。我们可以把系统和用户的交互过程当成在时间维度上的"state，action，reward"序列，决策引擎的目标就是最优化这个过程。2015年双11，我们首次尝试了运用MAB和zero-order优化技术实现多个排序因子的最优融合策略，取代以前依靠离线Learning to rank学到的排序融合参数。其结果是显著的，在双11当天我们观察到，通过实时策略寻优，一天中不同时间段的最优策略是不同的，这相比于离线学习一套固定的排序权重是一个很大的进步。

2015年双11双链路实时计算体系如图3-17所示。双11当天，在线学习和决策使得成交提升10%以上。

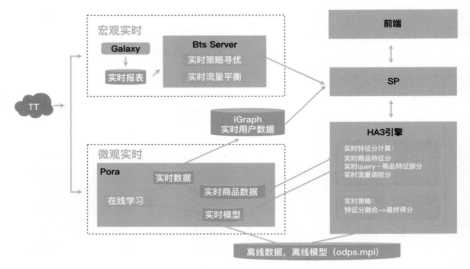

图3-17　2015年双11的实时计算体系

3. 2016年双11，深度学习+强化学习独领风骚

2015年双11，在线学习被证明效果显著，然而回顾当天观察到的实时效果，也暴露出一些问题。

- **在线学习模型方面**：在线学习模型都过度依赖从零点开始的累积统计信号，导致后场大部分热销商品无法在累积统计信号得到有效的差异化表示，模型缺少针对数据的自适应能力。

- **决策模型方面**：2015年双11，宏观实时体系中的MAB（Multi-Armed Bandit）实时策略寻优发挥了重要作用，通过算法工程师丰富经验制定的离散排序策略集合，MAB能在双11当天实时选择出最优策略进行投放；然而，同时暴露出MAB基于离散策略空间寻优的一些问题，离散策略空间仍然是拍脑袋的智慧。同时为了保证MAB策略寻优的统计稳定性，几十分钟的迭代周期仍然无法匹配双11当天流量变化的脉搏。

2016年双11，实时计算引擎从istream时代平稳升级到blink/flink时代，实现24小时不间断、无延迟运转，机器学习任务从几个扩大到上百个job。首次实现大规模在线深度学习和强化学习等前沿技术，并取得了非常显著的业务成果，成交额提升20%以上。

在线学习方面，针对2015年的一些问题，2016年双11搜索排序借鉴了

Google提出的Wide & Deep Learning框架，在此基础上，结合在线学习，研发了兼备泛化和记忆能力的online large scale wide and deep learning算法。直观看，它的最大优势是它兼具枚举类特征的记忆能力和连续值特征及DNN隐层带来的泛化能力。

针对2015年遗留的两个问题，我们在2016年双11中也进行了优化和改进。对于从零点的累积统计信号到后场饱和及统计值离散化缺少合理的抓手的问题，参考Facebook在AD-KDD的工作，在此基础上，结合在线学习，我们研发了Streaming FTRL stacking on DeltaGBDT模型（分时段GBDT +FTRL[1]），如图3-18所示。分时段GBDT模型会持续为实时样本产出其在双11当天不同时段的有效特征，并由online FTRL去学习这些时效性特征的相关性。

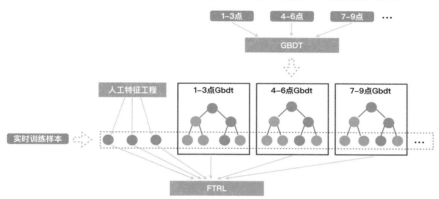

图3-18　Streaming FTRL stacking on DeltaGBDT模型

对于在决策智能化方面欠下的旧账，我们进行了策略空间的最优化探索，分别尝试了引入Delay Reward的强化学习技术，即在搜索中采用强化学习（Reinforcement Learning）方法对商品排序进行实时调控优化，很好地解决了之前的困惑。

 **总结**

经过三年大促的技术锤炼，围绕在线人工智能技术的智能框架初具规模，基本形成了在线学习加智能决策的智能搜索系统，为电商平台实现消费者、卖家、平台三方利益最大化奠定了坚实的基础。这套具备学习加决策能力的智能系统也让搜索从一个简单的找商品的机器，慢慢变成一个会学习、会成长、懂用户、体贴用户的"人"。我们有理由相信，随着智能技术的进一步升级，这个"人"会越来越聪明，实现人工智能的终极目标。

1
分时段GBDT
+FTRL：分小
时训练GBDT
模型，得到在
当前小时数据
下的最优特征
组合和特征离
散化，然后提
供给FTRL模
型做实时训
练。

▼执笔人

袁全：阿里巴巴推荐算法团队创建人，认知计算研究员；

乐田：阿里巴巴推荐资深算法专家，推荐算法团队奠基人，商品推荐、内容推荐和大促算法团队负责人；

霹雳：搜索事业部认知计算实验室资深算法工程师。

2

有好货：主打高品质商品的手淘首页场景。阿里IPO招股书中重点提及了"有好货"这一产品。

3

Olive：在线模型训练及打分预测引擎。

4

手淘首页的推荐业务场景，"发现好店"主打个性化店铺推荐、"爱逛街"主打个性化新潮商品推荐，"猜你喜欢"主打手淘首页底部个性化推荐商品。

3.4 个性化推荐，大数据和智能时代的新航路

双11涉及的技术很多，而个性化推荐技术直面用户，可以说是站在最前线的那个。如今，从用户打开手机淘宝客户端（简称"手淘"）或是手机天猫客户端（简称"猫客"）的那一刻起，个性化推荐技术就已经启动，为你我带来一场个性化的购物之旅。本节将细数个性化推荐的一路风雨，讲讲个性化推荐技术的演进史。

 ### 3.4.1 个性化推荐All-in无线

无线个性化推荐起步于2013年10月。现在往回看，当时的阿里很好地把握住了移动端快速发展的浪潮，以集团All-in无线[1]的形式吹响了移动端战斗的号角。个性化推荐团队也是从All-in无线这一事件中孵化的。我们从零开始搭建了个性化推荐算法体系及个性化算法平台TPP。TPP这一个性化算法平台对个性化推荐团队的成长起到了至关重要的作用。基于TPP，个性化算法团队成员们验证算法的速度得到了极大的提高，优化算法的速度从而也得到了极大的提高。仅仅花了不到两个月的时间，个性化推荐的第一版算法就在"有好货"[2]中初露锋芒：结合基于主动学习的选品算法平台TSP，个性化推荐团队一举打造了"有好货"针对高端人群的优质导购体验。

2014年，随着个性化推荐算法团队对业务问题有了更好理解，以及技术研发的深入，我们逐步开发并上线了排序引擎RTP、标签探索算法PairTag及在线学习引擎Olive[3]（如图3-9所示）等多项核心技术。个性化推荐算法也因此被快速地应用到"发现好店"、"爱逛街"、"猜你喜欢"及购物链路等手淘的各个主要场景[4]中。其中，手淘底部的"猜你喜欢"商品瀑布流推荐是亿万用户每天登录手淘后必逛的场景，为人们搜寻和发掘自己喜好的商品提供了便捷的渠道。"猜你喜欢"也一举成为中国电商中最大的推荐产品。

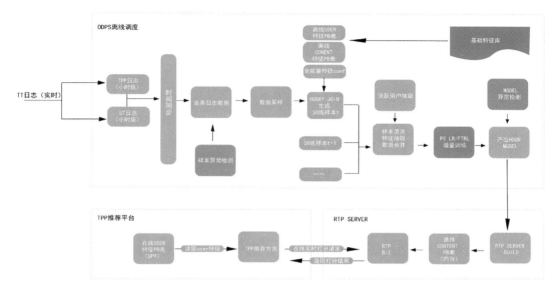

图3-19 Olive流程图

正是在All-in无线后的这一年，个性化推荐开始在阿里逐步成长起来。

3.4.2 个性化推荐初逢双11

2015年，个性化推荐第一次在双11中大放异彩。还记得当年9月中旬，我们正在维也纳参加推荐系统最大的会议RecSys。逍遥子突然来电，告知在2015年双11上要全面开启个性化推荐，随行的同事们都很兴奋，但我们又不得不面临缺乏双11实战经验的实际问题。当然，机会和风险往往是并存的。面对挑战，我们很快开始规划进程和分工。回到杭州之后，团队全员进入备战状态，我们的努力在双11当天得到了回报。2015年11月12日凌晨，推荐算法团队、手淘及天猫的众多小伙伴们并不觉得疲乏，大家的脸上都闪烁着喜悦。个性化推荐算法在双11大放光芒，一个又一个令人瞠目的数字足以为证。个性化推荐的第一战场"双11主会场"更是自双11开展多年以来首次达到了个位数的跳失率，其引导人数和人均引导页面数都是前一年的2~3倍。不得不说，这些令人振奋的结果都要归功于之前两年中个性化推荐在无线端的落地。

2015年双11主会场个性化算法（即"天坑一号"，如图3-20所示）包括三个层次：楼层顺序个性化、楼层内坑位个性化、坑位素材个性化。这三个层次自顶向下，在用户体验上形成一套完整的方案。其中：

- 楼层顺序个性化使得女神看到的楼层顺序可能是女装、美妆、天猫国际等，欧巴看到的楼层顺序可能是男装、旅行、数码等。

- 楼层内坑位内容个性化，使得在同一个楼层内，不同用户看到的商品或店铺不同，比如同样都是美食控，喜欢辣味的用户可能看见麻辣牛肉干，喜欢甜味的用户可能看见巧克力。

- 坑位内容素材个性化，使得同一个楼层的同一个坑位，即便算法预测两个用户都需要巧克力，但一个喜欢费列罗而另一个喜欢德芙，也会在入口图上展示不同的品牌。

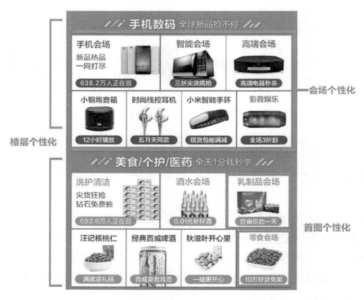

图3-20 "天坑一号"个性化主会场示意图

这三层个性化中涉及多策略推荐算法、排序学习、合图等多项技术。整个项目的进展用六个字来总结就是"时间紧任务重"。在多个团队的辛勤工作及紧密协作下，我们第一次全方位地将自All-in以来所积累的个性化推荐技术用于如此复杂的场景之中。

个性化推荐在"双11主会场"取得成功的因素有很多。其中，最值得称道的莫过于"首图个性化"[1]。在指甲壳大小的空间上，我们对产品创意素材和文字进行精雕细琢和个性化投放。这一改变极大地提升了用户活跃度，并催生了2015年双11主会场的个性化项目。该项目的成功上线成倍地降低了会场跳失率。更重要的是，个性化推荐为用户带来了全新的无线

1
首图个性化：是指由个性化推荐算法和产品、UED、前端研发等团队一起研发的APP中的首页入口图个性化。

端购物体验，并且为阿里在电商领域的茁壮成长带来了显著的助力作用。个性化推荐算法团队因此荣获2015年CEO特别贡献奖。下面引用阿里巴巴CEO逍遥子嘉奖信里的一段话："这次双11的一大亮点是，我们基于大数据的无线产品和技术的创新，使得整个运营效率有了大幅度提升。淘系的活跃用户得到了充分的引导和互动，得到了大量个性化的展示和推荐，事实证明了大数据的巨大威力。我们用大数据赋能了双11，赋能了我们自己的运营能力。"

正是在2015年双11之后，个性化推荐的故事开始为人们津津乐道。

3.4.3 个性化推荐再战双11

2015年双11之后，个性化推荐团队乘风起航，继续发力。正是这一年的持续发展，使得个性化推荐在2016年双11中更进一步，遍及无线端的各个场景。包括主会场在内的几乎全部活动会场、产品都实现了个性化算法投放。个性化推荐团队的代表作"海神"[1]以及"鲁班"[2]（如图3-21所示为鲁班批量生产的创意Banner）都是首次在双11中亮相。

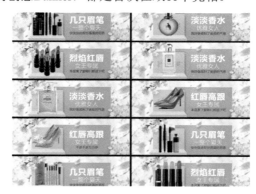

图3-21 鲁班批量生产的创意Banner

在2016年双11中，面对更为复杂的个性化需求，乐田及工程师们将全面升级后的个性化推荐完美地展现在双11主会场中。虽然2016年的双11主会场与2015年的"天坑一号"主会场极其相似，但这一次个性化推荐产品做得更为精细了。其中， GBDT+FTRL、Wide & Deep Learning和Adaptive Learning这三项最前沿的机器学习技术被应用到了主会场的三层结构中，极大地提升了在线模型的效果及实时预测的效率。

除了常规的个性化推荐之外，我们在2016年双11开始尝试融合商家流

1

海神：基于TPP架构封装成型的自动化投放平台，运营只需要简单配置就可以开启个性化投放。目前海神的应用场景已经覆盖了手淘及猫客大部分中小资源位，极大地提高了算法工程师的效率。

2

鲁班：资源位创意生成平台，提供"资源位创意生产＋个性化投放"这一端到端的解决方案，鲁班使得运营人员轻松地完成了资源位Banner的大批量制作，并且通过个性化投放获得良好的投放效果。鲁班始终坚持做一个好用、易用的全自助式平台。

量分配的个性化推荐。逍遥子在2015年双11总结中提到："我们还要更上一层楼，利用大数据赋能给所有的商家，帮助他们运营好消费者，这样才能让我们在大数据时代践行'让天下没有难做的生意'的使命。"随着个性化场景的不断升级，商家很多时候都对流量的波动束手无策。对那些有运营能力的商家来说，我们希望其通过更多优质的商品和优秀的服务换来更多的流量或销量上的部分确定性。因为推荐各场景大小不一、定位差异大，有导购类场景、有成交类场景等，我们需要根据场景本身的特性来进行流量智能调控。因此，商家赋能个性化推荐系统——Matrix应运而生。Matrix系统主要用于调节用户体验、卖家流量诉求和投资回报率、电商平台健康度等方面的效用，平衡场景的短期收益和长期收益，如图3-22所示。在2016年双11中，Matrix在部分场景的上线为今后的卖家赋能积累了宝贵的经验。

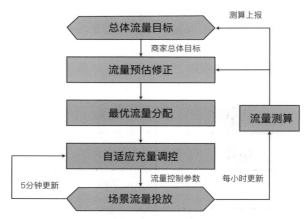

图3-22　赋能商家的Matrix系统流程图

3.4.4　个性化推荐的智能未来

个性化推荐从无到有，直到演进成为CEO逍遥子口中的"电商基础设施"，这一切来得极为不易。面对更具挑战的未来，个性化推荐可以做得更好、更智能，而基于全局信息的个性化推荐将会是达成这一目标的重要途径。

众所周知，个性化推荐涉及多种不同层次、不同粒度的子任务。从推荐内容上来说，个性化推荐分为商品推荐、店铺推荐、品牌推荐、评论推荐等；从推荐目标上来说，个性化推荐分为点击率预测、转化率预测、成交量预测等。虽然我们当前设计的个性化推荐算法在TPP上实现了流程一体化，但我们对每个推荐场景面临的子问题却是单独建模的。如果能从全局的角度分析用户的喜好，个性化推荐必然能够更上一层楼。

2016年，我们已经通过深度强化学习（Deep Reinforcement Learning）[1]技术对全局信息共享下基于多任务学习（Multi-task Learning）的个性化推荐进行了初步探索。从数据流通链路来看（比如图3-23所示的手淘场景数据流通图），我们可以很自然地将全链路多场景的推荐任务理解为推荐系统面向用户的连续决策过程。随着用户对不同推荐场景的持续浏览和交互，推荐系统对于用户实时需求和意图的理解会越来越清晰，因此也可以更准确地为用户推荐更为合适的内容。深度强化学习已经在人工智能领域掀起了新的浪潮，这一技术必将成为个性化推荐智能化的最强武器。

1

深度强化学习：当前最受瞩目的人工智能技术。

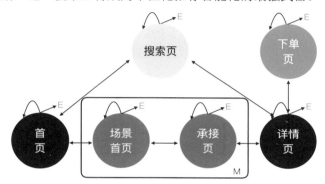

图3-23　手淘场景数据流通图

 总结

个性化推荐所取得的成就是一个"意料之外却情理之中"的结果。仅仅经历了短短几年的时间，淘宝和天猫就从以人工运营为主分配流量和资源位的方式成功转变为以大数据和人工智能为导向的新方式。与此同时，我们初步建立了人工经验与算法投放协同工作的机制。自2013年年底All-in无线以来的沉淀和积累终于逐步转化成了果实。经过不断地积累和打磨，个性化推荐技术变得越发成熟和犀利，相信个性化推荐的未来会更好。

3.5 供应链，从飞速增长到精耕细作

▼执笔人
大少：阿里巴巴集团研究员，天猫首席架构师；
昏河：天猫产品技术部高级专家，供应链数据和算法方向；
拓海：天猫产品技术部技术专家，供应链方向系统架构师；
蓝玉：天猫供应链中台技术专家品类规划平台架构师。

阿里无疑在电商事业上已经成果斐然。然而电商相比传统零售业除了颠覆性的便捷程度，还包括统筹提升商品从生产采购直至送达消费者过程中的整体效率和确定性。比如双11中如何让备货量与区域分配跟消费需求匹配：不满足需求则浪费双11宝贵的流量资源，准备过剩则徒增经营成本；又如怎样将双11巨大的订单量妥善而高效地履行，避免仓库处理能力瘫痪或损害消费体验。电商飞速增长的数字背后，如何健康可持续发展，便牵扯到供应链方面的问题。本节介绍的供应链系统是未来在更纵深的商业领域精耕细作的重要基石。

3.5.1 楔子

2012年以前是中国互联网的红利期，流量获得成本相对较低，电商平台也飞速发展。在这之后，流量增长放缓，红利消失，天猫作为国内电商市场份额过半的龙头首当其冲。如何让平台持续成长，成为摆在我们面前的一个重要课题。

1
2012年以前天猫部分大型商家各自有不同的情况，有自己的ERP系统，且都是不同的供应链厂商提供，天猫并未从平台角度开展供应链平台建设。

彼时天猫的重心在前端营销上，对供应链的情况知之甚少[1]，这是导致流量、利润及消费者体验等多方面受损的潜在原因。供需不匹配、服务不确定性等问题都或多或少存在。万众瞩目的双11，在耀眼的成交数据背后，我们看到了危机，听到了抱怨，决心朝着善用数据、预测需求、合理备货、协同仓配、降低成本、提升服务这些方向努力，形成良性的业务闭环。

2013年调任天猫产品技术部的研究员范禹开始在筹划布局天猫供应链系统。2014年由大少负责组建供应链技术团队，着手解决供需匹配和后端履行等一系列核心问题。逐步完成供应链计划、履行等一系列技术核心和业务平台，如图3-24所示。期间经历了多次双11的考验，供应链已经和交易、支付一样变成互联网电商的基础设施。并已向天猫外其他BU输出，以适应方兴未艾的供应链领域业务创新趋势，服务于多个行业。

图3-24 供应链中台业务发展演进

供应链系统的范围很广，接下来的内容主要聚焦到供应链系统中与双11中供需匹配和后端履行两个问题相关的计划和履行系统的发展过程。

3.5.2 供应链计划系统

天猫平台的成长离不开消费者和商家。通过理清商家、消费者和平台的核心诉求，一种"以存定销"[1]的业务模式逐渐被确立，通过天猫平台智能大数据精准销售，商家货品有计划入菜鸟[2]仓配体系，菜鸟仓配体系保障消费者享受优质的物流服务体验，同时平台通过流量调配的方式给好的货品更好的流量。这种模式逐步确认并最终演化成供应链计划协同平台，如图3-25所示。

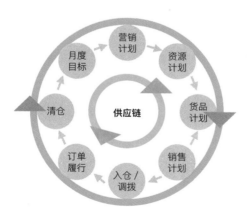

图3-25 供应链计划协同平台

2016年双11当天完成1207亿商品交易额（GMV）和6.57亿物流订单，需要有效地组织、协调和优化这个复杂且动态变化的供需网络。供应链计划平台[3]从下面三个方面进行尝试。

- **需求预测和协同**：当前天猫供应链平台提供双11期间的活动商品需求预测、常规需求预测、新品需求预测。预测算法结合历史成交、

1

以存定销：以货品库存计划和计划履行的确定性为基础，协调和整合前端流量及活动资源，以完成既定的销售目标。

2

菜鸟：旨在建设一个数据驱动、社会化协同的物流网络，致力于在现有物流业态基础上，建立一个开放、共享、社会化的物流基础设施平台。

3

供应链计划平台：旨在利用大数据、商业智能和商业运营为业务部门提供针对行业的一整套完整产品流程和指导规范，提供包含但不限于供需预测、计划协同、品类规划和流量协同等一些业务流程和供应链运营优化等子功能。

活动数据、节假日和大促日信息及商品特性等数据，系统对数千维特征进行构建，并将特征切分为交易、流量、活动、类目和属性等特征集合，建立了多层级的预测模型，并基于商品需求的预测质量持续调整模型参数和模型融合方案。目前双11销售预测的准确率在部分行业商品级别上可达95%以上。通过精准的需求预测，为商家有计划地入仓提供了数据支撑，有效地把握了双11的入仓节奏，解决了由于商家备货过多或者过少带来的后双11病症，有效地提升了商家运营效率。通过需求预测，大家电的仓内平均周转[1]处于行业先进水平。

1
传统家电零售业周转天数各不相同，一般在50天以上。

- **品类规划**：品类规划是平台和商家生存的关键，因为它关系到天猫消费者能买到什么。天猫供应链计划平台采用了深度学习、文本挖掘、图像处理及自然语言处理等技术，提供了智能化选品、商品聚类和智能定价的服务能力。如新品的选择，供应链平台通过深度学习算法，对不同渠道商品的相关文本和图片进行分析和挖掘，建立了商品本体库、商品特征库及相关的商品比对模型，店铺提供了智能化的新品挖掘方案，进而丰富了平台和店铺商品线的深度和宽度。品类规划一方面为双11大促提供了招商和选品支持，另一方面也支持店铺日常货品规划业务。

- **供应链优化**：每年双11物流都被很多消费者诟病，因此从2014年开始我们进一步思考，在供需匹配上，如何让货物调拨到距消费者更近的地方。这需要从两个方面入手。首先需求预测执行到仓，结合历史数据及多种预测算法，进行智能分仓优化，将全国销量智能分配到区域仓，将需求匹配到距消费者最近的仓库，尽量减少区域间的调拨和区域内部仓库之间的调拨。另外，针对双11特殊业务场景采用预售模式，优化供应链路，通过预售这种确定性订单，提前将货物下沉到门店仓，到消费者最近的地方，2014年实施之后物流体验不断提升。2014年双11大家电最快物流在付尾款后15分钟到货。2015年、2016年双11消费者的物流体验更是不断提升。

2
原子级业务服务：是业务能力的抽象和分解，是不能再细分的服务。

通过这三面持续建设，我们逐步完成天猫供应链计划平台架构，从当初支撑一个行业，到目前支撑包括自营业务在内的多个行业，供应链计划协同平台逐步沉淀了三个层次的能力，如图3-26所示。

- **业务核心层**：提供基于原子级业务服务[2]能力。沉淀统一计划数据模型[1]和计划计算引擎[2]能力，原子服务向上层进行输出。沉淀品类规划基础的行业指标和数据。

- **智能决策层**：提供基于需求预测、智能分仓及品类规划的核心算法层，并对供应链链路优化提供核心算法能力输出。

- **业务套件层**：基于业务流程的定制，该层是业务服务层，是对原子业务赋能能力的封装和业务逻辑定制，该层直接应对供应链供需匹配相关业务作业流程，各个行业业务支撑一般由该层服务直接支撑，如果存在行业特性，需要在上层共建协同完成特性和行业供应链服务能力[3]。

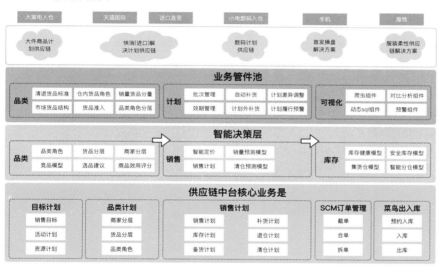

图3-26 供应链计划协同平台三个层次

 供应链履行系统

消费者付款后到最后收到货，背后的每一个环节，都会对消费者体验、经营成本及系统产生重要影响。我们先来看下要做哪些事，包括但不仅限于这些：

- **截单**：商品检查、风控、截停（如预约、预售、作业时间等因素）。
- **赠品**：为满足条件的订单添加赠品。
- **分仓**：根据成本计算、规则，为单仓全单满足的订单设置发货仓库。
- **合单**：根据合单配置，合并相同收货人订单。
- **仓库发货**：将发货指令发送给仓库管理系统，并处理仓库回传。

- 退款：回滚，如已下发，尝试拦截指令。
- 退换货：创建退换货单，并处理仓库回传。
- 发票：创建发票，并处理仓库回传状态。
- 流水：库存流水、财务流水。

双11期间，各个环节的影响尤为明显。比如，根据收货地址、库存分布等因素，计算出最合理的履约方案，不仅关乎消费者能否愉快地收到货，也关乎本次履约所付出的成本。截单和合单也很有讲究：统计表明很大一部分退款实际上发生在付款后半小时内（双11除外）。截单从某种程度上，相当于创造了一个冷静期，减少了下达仓库作业造成的人工浪费。而因为有合单，在冲动消费比例比较大的一些类目下能降低8%左右的物流成本。对系统来讲，合理的安排也能在相当大程度上隔绝销售端产生订单的压力，起到削峰的作用。

从复杂度上看，供应链系统处理的重点是单据、事件，而不是用户请求。处理的链路、耗时可能很长，过程中出现系统异常的可能性相对较高，必须要有机制保证单据正常流转下去。而不能像前台系统[1]那样直接fail-fast[2]完事。

看到这，想必读者会发现比想象中复杂得多。下面就将履行系统的发展历程一一道来，如图3-27所示。

图3-27　履行系统发展历程

1. 初试牛刀

2014年最初几个自营业务[3]出现。当时业务知识结构不完善且整个开发人数不足，必须以支持业务上线为第一要务，我们在架构上并没有过多设计和规划。按照最容易想到的职责链模式，将需要的流程环节一个个串联起来，从而实现了第一版需求。上线后刚开始比较正常，但是之后实际运行过程中遇到了一些问题。例如由于整个调用链路比较长，在某个环节出现异常导致中断后非常麻烦，表现为：

- 缺乏完备的监控导致卡单了没发现，有的甚至通过外界反馈才知晓；
- 因为过粗的服务粒度，需要关注的细节处太复杂，自动重试发现了很多正常情况下未暴露的异常情况。

1

前台系统：泛指直接面向前台消费者的导购、下单等系统，有异常通常会让消费者重试。

2

fail-fast：指直接阻断流程并将异常抛给调用方的系统异常处理策略，与之相对的是fail-safe。

3

自营业务：这里指天猫超市、倜人购等。倜人购目前已调整下线。

系统存在的问题会投射到业务上，当时双11大促销售单量剧增时就会暴露一些诸如漏单、卡单、错单的问题，需要大量人工介入，提高了排查的成本，效率受影响，甚至拖慢整体吞吐量引发仓库爆仓的连锁反应。不过，此时对于工程师来说无非是见招拆招，也能逐步稳定下来。

2. 去中心化

2015年涌现出众多新业务亟待接入，带来一个更大的问题——在1.0的架构下很难在一个流程里面适应所有业务的需求。此时面临一个选择：要么坚持一个核心系统，强化平台，要么让每个业务各自实现自己的系统，放弃平台化发展思路。当时开发资源成了瓶颈，我们选择了变通，履行系统进入了2.0时代——基于1.0积累的经验和代码，重构一套可扩展的实现，提供出重客户端，每个业务去中心化各自部署一套，并实现自己的扩展。虽然这带来了很多维护和服务治理上的成本，但是当时的确快速支持了十余个业务的落地。

这段时间也发生了许多有意思的事情。在准备双11期间，我们与菜鸟系统配合压测。事先大家根据业务预期评估出一个压测目标，但一开始时履行系统性能有问题，导致始终压不到目标TPS。在下游无事可做，菜鸟一名同事在群里频频@某某要求"给点力"。后经多轮排查和解决，履行系统的问题消除。剧情反转，这次发现下游的接口出现问题，变成了原来提要求的同事被@了。大家在这一来一回中不仅加深了"革命"友谊，而且切身体会到后台系统长链路中的服务治理这一难点。

3. 多业务全渠道的履行系统

随着2.0架构发展到一定阶段，当初折中选择遗留的隐患逐渐凸显，去中心化导致平台做统一升级尤为困难，新业务接入成本无法控制。2016年提出的3.0架构我们称之为中台化[1]。不仅履行系统，其他供应链领域系统的思路也一致，从更高层次上针对供应链提出了一整套解决既要支持业务个性化又要保持核心一致性的方法论。以下是几个关键技术点。

- **核心：** 分布式状态机（DSM）[2]驱动的微服务架构。服务力求小粒度且避免事务类服务产生API调用依赖。通过单据状态的消息队列来触发各个与之绑定的服务，做到服务间解耦和提高可复用度。这正解决了2.0架构的服务治理问题。

1
中台化：指虽不隶属某具体业务却具备厚实的底层能快速支持业务的模式，契合阿里"小前台+大中台"战略。

2
公开资料中并无明确的DSM（Distributed State Machine）概念，虽然各公司叫法不同，但通常都将传统状态机运用到分布式系统中来构建供应链系统整体架构。

- **扩展**：将具有业务特性的逻辑抽离，根据场景划分为可插拔的业务套件，形成平台提供的能力池[1]，大大提高了交付效率和灵活性。

- **前端**：提供一套供应链基础UI库，其中页面、组件都是可以在具体业务场景下配置和重组的，组件跟后端基础服务贯穿对接起来。

- **交付**：通过配置即可完成交付的SaaS环境。可从多维度透视系统能力，基于业务需求，完成流程配置、业务套件选取，系统自动分配机器部署。

在架构升级的助力下，系统健壮性得到了根本提升，如图3-28所示。在2016年的双11中，订单履行系统在流控、容灾等方面利用状态机带来的便利，完成了周详的"战前"部署，从容完成任务，没有一笔订单出现故障，让双11有多少计划就备多少货，不再让系统能力成为瓶颈。

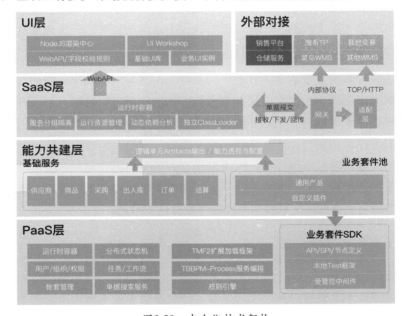

图3-28　中台化技术架构

 展望

未来在供应链系统方面我们要不断夯实基础和提高稳定性，以便在应对像双11这样的大促时，能更加从容。同时要不断寻找新的突破，精耕细作，赋能业务，最大化供应链的商业价值。一方面学习在供应链系统方面深耕多年的JDA、SAP等企业的经验，利用运筹学、计量经济学等供应链

基础理论体系来升级平台；另一方面结合互联网的特点，加快技术革新步伐（诸如在此领域有用武之地的人工智能、区块链等），加之阿里旗下全面的产业链和丰富的资源，未来想象空间巨大。

3.6 蚂蚁花呗，无忧支付的完美体验

▼执笔人
韦虎：蚂蚁金服微贷事业部技术总监，银行与信贷领域专家；
赵进：蚂蚁金服消费金融技术总监，蚂蚁花呗、蚂蚁借呗与风控技术负责人。

2014年以前的双11，想要在高峰期抢到货，有一个攻略是把资金提前从银行卡充值到支付宝余额或余额宝，这样才能够保障支付顺畅。而到2015年以后，有了一个新的双11抢货神器——蚂蚁花呗。蚂蚁花呗是由蚂蚁微贷提供的一款专用于各种支付场景的消费信贷产品。由于花呗支付可以绕开所有的银行链路，同时又不像支付宝余额、余额宝一样需要引导用户提前充值，从而让花呗从一诞生开始，就成为抢货神器，使消费者充分感受到网购时"先消费，后付款"的顺滑体验。双11这样的关键时刻，正是花呗大展身手的时刻。除了抢货快，花呗还具备零门槛申请、自然月账单、确认收货后记账、99.99%支付成功率等极佳的用户体验，所以花呗广受好评，迅速赢得了众多支付宝用户的青睐。

3.6.1 蚂蚁花呗的初心与前世今生

蚂蚁花呗成为抢货神器是附带效应，花呗的初心是服务大众的普惠金融理念。

普惠金融最早由孟加拉的尤努斯开创，他创办的格莱珉银行专门提供给因贫穷而无法获得传统银行贷款的创业者，他因此而获得2006年度诺贝尔和平奖。不过其虽然有良好的愿景，但是却采用了跟传统金融相同的方法，无法控制成本和坏账，同时规模也无法快速扩展，最终导致其普惠金融的理念很难以商业的形式快速发展，只能在较小范围内以慈善的方式运作。

阿里最早从2010年开始就探索用技术，特别是数据的力量来实现普惠金融，从最早成立小贷公司开始，陆续发布淘宝订单贷款、淘宝信用贷款、阿里贷款等产品，逐步尝试用大数据来为小微企业、个人经营者、创业者提供信贷服务。2013年蚂蚁金服集团成立，致力于为小微企业和普通的个人消费者提供普惠金融服务，信贷服务作为传统金融机构最难以普惠的金融服务，是实现普惠金融的最重要突破口。2014年年底，基于阿里巴巴和蚂蚁金服多年积累的数据，以及在小微信贷领域积累的大数据风控和技术经验，蚂蚁花呗开始小范围对客户试运营。与传统银行信用卡更多面向中高端白领人士相比，蚂蚁花呗依然沿袭普惠金融的初心，更多的是面向社会新鲜人，数据显示蚂蚁花呗准入用户中有60%没有信用卡，蚂蚁花呗有45%的90后用户，加上80后则达到85%以上。

2015年双11花呗第一次崭露头角，支付峰值达到2.1万笔/秒，平均支付耗时0.035秒/秒，支付成功率为99.99%，花呗抢货快的理念深入人心。2016年花呗第二次参加双11，当天支付峰值达到3.57万笔/秒，支付成功率为99.999%，全天花呗支付268亿。

3.6.2 消费信贷背后的大数据

与传统消费信贷产品相比，花呗的风险控制完全是基于互联网大数据的，全程无任何人工参与，以确保其模式可以快速低成本扩展，让金融真正普惠起来。

花呗面临的第一个挑战就是如何通过电商交易数据去识别一个人的信用情况。电商交易数据属于泛金融数据，与收入证明、人行征信等相比，其识别信用的权重低很多；为了解决这个问题，我们扩展了数据范围，深度挖掘数据价值。而这些都需要我们在数据的计算、存储、复杂特征模型的构建方面具有极强的能力。依托阿里各种数据计算平台的能力、海量存储能力，以及通过大规模分布式机器学习系统来自动识别风险特征的能力，我们建设了花呗的风控系统。它每天处理3PB的数据、数亿级的实时消息，还部署了复杂特征的防套现机器学习模型等。

作为一款有强大风险管理能力的支付工具，花呗在当前还不提供预借现金的情况下，面临的第二个挑战就是如何防套现。伴随着花呗支付场景的扩展，特别是开始支持外部商户平台交易之后，这个问题尤为严重。我们通过识别资金网络、资金流向拓扑、套现聚集、限额限次等来做整体的防控。同时伴随着支付场景的扩大，不同的场景其套现的一些细微规则需要跟着场景做精细化定制，这要求我们在套现规则的开发、测算、部署上都能够快速响应。得益于配置化的指标开发、新规则线上全量旁路运行、全量日志自动回流测算等技术，我们实现了风控规则的快速发布，如图3-29所示。

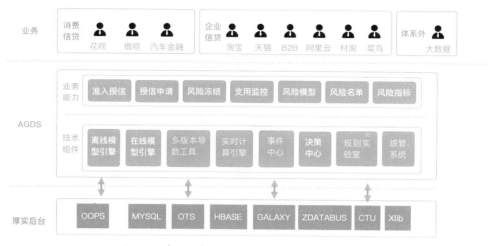

图3-29 基于大数据的风控系统应用架构

3.6.3 2015年双11，花呗完美首秀

2015年11月11日距离花呗正式对外开放仅过去半年时间，我们突然得到通知要让花呗参加双11大促。那时，产品还在不断完善中，团队也从未经历过双11的洗礼，大家非常焦虑。所幸有支付宝多年双11的经验，这一年我们采取的策略有两点：

- 站在支付宝巨人的肩膀上，学习学习再学习。
- 稳定压倒一切，降级一切有容量稳定性风险的逻辑。

具体下来，我们从4月份开始就为双11做了如下各种准备工作。

（1）**逻辑数据中心（LDC）架构改造与数据容灾（Failover）**：由于业务快速增长，基于性能容量和高可用考虑，花呗在正式发布后立即开始按照逻辑数据划分并实施单元化及异地部署，同时对于支付流水数据实现Failover，额度记账部分则复用支付宝账务的Failover能力，使得系统具备了水平扩容能力和容灾能力。

（2）**系统拆分**：经过业务的发展，花呗业务上按照信、贷先后拆分出来独立的模型和子领域，同时通过异步消息弱化信用支付与贷款业务间的强耦合，拆分成各自的系统能够专注各自的领域发展，避免交叉影响。站在支付链路上来看，从信用支付产品系统拆分出信用决策系统、从信贷核心系统拆分出对接支付核心系统的信用支付工具系统，大大剥离了不稳定、不重要的因素，让交易主链路更加单一和纯粹，如图3-30所示。

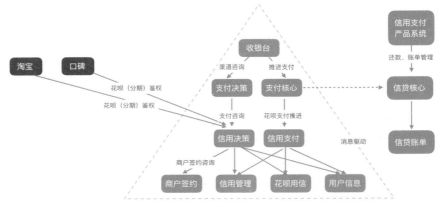

图3-30　花呗系统拆分后依赖调用关系

（3）**链路分析梳理与优化，并产出提前预案与应急预案**：经过多次线下线上预演验证，确保一切万无一失。花呗针对信用管理系统增加近端Tair缓存确保了稳定性，针对商户系统查CIF（客户信息系统）读库容量不够引入了本地缓存。

（4）**压力测试**：根据链路分析出来的各个系统的容量峰值目标，进行专项及全链路压测，确保每个节点都经过大促高峰流量压测验证；持续回归与摸高压测是衡量系统稳定性与容量的一把尺子。

（5）**稳定性保证**：稳定压倒一切，降级一切有容量稳定性风险的逻辑。

由于是第一次经历双11，大家非常重视，在集团内率先完成花呗峰值专项压测！但百密一疏，在大促前两周我们突然发现花呗预支付要先写数据库，再入限流队列，存在打垮数据库的风险。此时扩容数据库来不及，而这么短时间内进行关键链路的优化风险也很大，也来不及重新压测。

怎么办？我们关起门来讨论了各种方案的优劣及实施风险，依然难以下定决心。每临大事有静气，在第三次讨论会上，我们从花呗活跃用户人群与天猫双11用户重合度、商家准入比例、用户转化率等多个维度进行精准的数据推算与预测，最终认为该风险发生概率极低，调整了限流阈值进行双保险。最终双11花呗首秀表现完美！

 3.6.4 2016年双11，寂静的花呗钉钉群

2016年11月11日是花呗经历的第二个双11，与上次相比，我们的客户数又增大了许多（刚刚破亿），技术团队也更加成熟，所以这次除了保障双11稳定的目标，还有其他几个额外的技术目标。

（1）**降低成本**：通过性能优化提升、弹性上云、去Oracle等大幅削减
大促成本。花呗系统内部进行了卡户额度查询近端改造，在双11
高峰期大幅缩减虚机预算，规避了重启期间的抖动报错；进一步
合并部署，缩减虚机预算；授信准入数据近端化之后，可以用日
常机器水位支撑大促容量；弹性上云则更是规避为了短时间的峰
值而去扩容占用长期资源，利用弹性云计算节省了大量成本。

（2）**新技术验证**：花呗率先验证了弹性云、OceanBase1.0等一系列新
技术。为了应对应用平滑改造、稳定性、数据一致性及平稳切
流等多重挑战，我们采用了第一阶段双写比对、第二阶段单写
OB、第三阶段存量数据迁移的多阶段迁移切流方案。如图3-31
所示是应对多重挑战的简要方案。

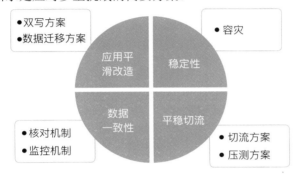

图3-31　应对多重挑战的简要方案

（3）**支用监控不降级**：针对前一年降级的支用监控，这一次通过黑
名单、白名单等多个不同策略的切换达到风险、体验和稳定的
平衡。

　　除此之外，第二年的花呗已经成为双11大促的绝对支付主力，而且还
具备当其他支付工具/银行卡出故障时的兜底作用，因此我们必须要确保其
万无一失。为此，我们在2015年的链路分析优化、全链路压测、常规预案
制定与演练的基础上，2016年额外增加了以下措施。

（1）对于各种外部核心依赖，都要假定其是不可靠的，需要产出其不
可靠时的应急预案，同时确保应急预案的成本复杂度可控。为此
我们考虑了OceanBase不可用、Tair缓存不可用、商户系统不可
用、授信与用信查询压力过大等各种极端情况下的可能方案，并
产出相应的应急预案。很幸运这些预案都没有用到，但是这个极
端预案的梳理过程让我们对于这次双11信心满满，即使遇到极端
情况，也能做到临危不乱。

（2）除了针对每个预案的单独演练，2016年我们对于所有的预案按照

双11当天的执行计划，进行了完全真实的彩排。彩排过程中有不少虚惊，但让我们提前对预案执行结果有了清晰的预期，避免双11当天预案执行过程中惊慌。

（3）提前制定了预案的启动条件，非重大事件无须走决策流程，由执行人员根据条件自行判断执行，可以大幅提升应急速度。

正是因为上述的充分准备，第二次双11花呗的表现真正堪称丝般顺滑！

这里有一个小故事：在双11前，考虑到双11当天可能出现各种紧急情况时，需要做应急决策和通知，我们建立了一个钉钉群，将花呗各关键角色，包括产品经理、技术、运营、风控、客满、公关都加入群里，目的是保持双11期间的随时沟通。结果这个群在双11全天一句话也没说，直到12号凌晨，群里开始发红包。行癫在2016年双11期间曾经说过，来年双11，希望技术同学开着茶话会、品着咖啡度过。虽然花呗团队在2016年双11当天没有开茶话会，但是全天保持寂静的钉钉群诠释了我们之前所有不懈的努力都是值得的。

3.6.5 技术改变商业

支撑这样一个花呗产品的团队你觉得会有多少人？2000人？或500人？No，我们还不到100人，包含产品、运营、技术、风险的所有花呗团队人员。几十人的团队能够实现几乎不可想象的普惠金融，促进新消费的快速发展，最核心还是在于大数据的力量。与其说花呗是一个金融产品，还不如说它是一个数据产品。

这几年FinTech[1]的概念非常热，蚂蚁金服作为一家与众不同的TechFin公司，更强调技术重构金融，除了前面所述的技术实现大数据风控和保障双11花呗稳定，我们还用技术的力量重构了资产转让。我们强大的创新型的资产转让能力，为蚂蚁花呗提供了可靠的资金来源。与传统银行金融机构的资产转让相比，蚂蚁花呗的资产转让也创造了多个业界第一：

- 业界首个实现0资金闲置；
- 业界首个实现信贷资产拆分后转让；
- 业界首个实现无息资产折价转让；
- 业界首个支持亿笔规模的资产包；
- 业界首个实现放款后实时资产转让。

综上，我们认为技术可以重新定义金融服务与体验。蚂蚁花呗正是这样一个用新技术来改变和创造新金融、新消费的产品。

1
FinTech更多强调科技为金融服务，科技提升金融效率。

第4章

移动端的技术创新之路

从2010年开始，国内爆发了从PC向移动端技术和业务的持续迁移，移动设备相比PC设备而言，具有实时性、个性化（如地理位置、用户偏好等）和丰富的移动设备I/O（摄像头、语音、陀螺仪等传感器）等特定，因而催生了一大批移动端的特色服务，深刻地改变着我们的衣食住行和人际交往。移动互联网时代早已到来。

阿里的双11始于2009年，刚好经历了移动互联网崛起的全程。本章将要介绍的Weex、互动、AR/VR、奥创和TMF均是这个过程中技术创新的代表。

Weex吸收了H5和Native的优势，让双11从移动Web时代进入了体验更加流畅的Native时代，并在2016年双11中覆盖了99.6%的会场，同时在开源社区GitHub上的Star破万。

互动作为双11的重要组成部分，经历了从PC到移动、从2D到3D的技术变迁，逐步走向体验更为丰富的AR/VR；互动还参与到双11直播晚会中，为晚会带来了海量的互动流量。

移动端让AR/VR找到了大规模应用的新场景，技术创新的浪潮随之而来。阿里结合自身特性，通过Buy+项目找到了电商的VR玩法，通过双11的"寻找狂欢猫"的AR游戏提升了线下商城的客流量。

而这一切背后都涉及前后台的数据交互，TMF以可视化的方式定义"业务"，从业务的视角定义领域模型，配置业务规则，以插件化的方式实现业务与平台的分离、不同业务之间的逻辑隔离。奥创数据协议平台，定义了一套数据传输协议，包含了前后端数据交互的行为定义，以满足各种复杂的人机交互场景。

4.1　Weex，让双11更流畅

Weex是一个移动端的动态化框架，它允许开发者用轻巧的 HTML/JS/CSS 开发多个端的 Native[1] App。用 Weex只需写一份代码，便可运行在 Android、iOS 以及 H5[2]中，并且在 Android 和 iOS 上以 Native UI 的形式呈现，为用户提供更好的用户体验。

2015年双11前夕，双11大促会场急需提升H5页面的体验，在多个方案调研无果之后，南天决定研发一套动态化框架。Weex这个名词来自于南天和勾股[3]沟通中的一句话"you give us a few weeks，I give you a weex"，它很生动地反映了Weex诞生之初的环境。2015年双11主会场页面使用了Weex技术。

Weex平台团队2015年年底开始接手Weex整体开发工作。在2016年双11会场中，Weex覆盖了99.6%（1747/1754）的会场页面，页面的打开速度、滚动的流畅性都保证了较好的用户体验。

那么，阿里2016年双11移动端动态框架为什么会选择Weex，而不是Native或H5？这种技术演进带给用户哪些不一样的感受呢？在进一步介绍Weex之前，不妨看看移动开发技术的演进过程。

4.1.1　移动端的崛起

几年前我们还在讨论"未来会是移动时代吗？"而现在已经是移动时代了！

先看一个例子：阿里移动交易在总交易中占比的持续上升，到2016年第三季度（Q3），移动交易占比已经达到78%，如图4-1所示。刚过去的2016年双11，移动交易占比更是高达82%[4]。事实上，不仅仅是阿里，向移动端迁移已经成为所有互联网公司的主营业务和技术投入的重要方向。

▼执笔人

鬼道：淘宝移动平台高级前端开发专家，Weex研发Team Leader。

1
Native：本节特指iOS、Android等平台上的原生应用开发。

2
H5：移动浏览器中的 Web 页面在国内被普遍称为 H5。

3
勾股：手机淘宝前端架构组负责人，阿里巴巴高级前端开发专家。

4
数据来源：http://www.alibabagroup.com/cn/news/article?news=p161112。

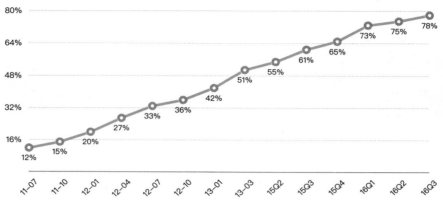

图4-1　阿里零售业务移动GMV[1]占比

1
GMV: Gross
Merchandise
Volume，这
里指电商成交
金额，数据来
自http://www.
alibabagroup.
com/cn/ir/
earnings。

2
来源：百度
《移动互联
网发展趋势
报告》2013年
Q1。

2012年7月移动端平均上网时长首次超过PC端，到2013年7月时这个差距已经达到29%，并且趋势显示差距仍在进一步拉大[2]。

环顾四周，你会发现智能手机无处不在，几乎达到人手一个。开启你的手机，过去需要在PC上完成的操作，移动端几乎都能完成，并且带来了更便捷的体验和更丰富的功能。回想过去几年，无论是移动网络速度、手机的内存容量、硬盘容量、CPU速度、屏幕分辨率，都在遵循或近似遵循"摩尔定律"。

总而言之，移动端崛起了！

 ## 4.1.2　Native和H5的分久必合

在移动端崛起的大背景下，移动端的开发技术又是如何演进的呢？

- 2007年，Apple 发布了 iPhone 手机和iOS 操作系统，是轰动一时的新闻。当时人们还在调侃 iPhone 是个大号的 iPod，由此也能看出一部分人并不觉得 iPhone 会改变什么。

- 2008 年，Google 发布了 Android 手机（G1），尽管不再轰动，但Android操作系统是开源的，使得更多的手机厂商可以在自家的手机上安装Android，这对移动设备的普及至关重要。

- 2009 年，硬件条件远不如今天，当时的网络慢、CPU 慢、内存小、硬盘小、屏幕小，为了充分利用硬件能力及OS底层能力，iOS和Android 都发布了自己的 SDK，开发者可以在 SDK 基础上开发出高性能、富体验的Native App。刚诞生的移动端还没聚集到足够多的开发者，这个阶段的Native App中有不少H5页面[1]，移动浏览器也还被较多使用。刚诞生的iOS和Android肯定没想到几年后基于它们的Native App就无处不在了。参考当年主流机型和环境，包括iPhone 1/G1和2016年iPhone 7 /Nexus 7等设备，得出一组典型数据，如表4-1所示。

1
部分甚至是PC Web页面转码的，直到今天，在搜索引擎中访问的不少页面仍然是这种形式的。

表 4-1　硬件能力典型值对比

	主流网络	内存	CPU	硬盘	分辨率
2009	2G/3G	192MB	528MHz单核	16GB	240×320
2016	4G/WIFI	2048MB	2400MHz 双核	256GB	750×1334

- 2009 年，有个重要的名词出现了：Mobile First。它传达了这样的想法：在移动端崛起的大环境下，在移动端人机交互体验（如触屏）和物理条件（如屏幕尺寸）的巨变下，应该考虑将业务核心关注点（因为屏幕小）优先（因为移动端崛起）在移动端上实现。后续几年移动端规模的指数级增长也让 Mobile First 更加深入人心。这个阶段 H5 呈现上升趋势，Native 也在逐步走向繁荣。如图4-2所示，以中国互联网中心（CNNIC）《中国移动互联网发展状况报告》2013年4月份的数据为例，2008年中国移动互联网网名增速达133%。事实上，这个发展势头，国内外均是如此。

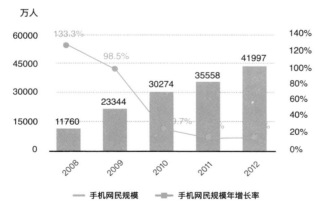

图4-2　CNNIC: 中国手机网民规模及增长率

- 2011年，Adobe在移动端放弃继续维护Flash，转向拥抱HTML5[2]，看起来H5形式一片大好。

- 2012年，H5和Native成长路径上的拐点出现了。Facebook宣称："Facebook 的应用完全依赖 HTML5 是最大的错误，导致浪费了两

2
HTML5：是指 HTML协议的 5.0 版本，国内在很多场景下，H5 是 HTML5 的简称。本节在谈论技术细节会用HTML5这个术语，其他时候用H5。

1
https://www.
facebook.
com/notes/
Facebook-
engineering/
under-
the-hood-
rebuilding-
Facebook-for-
ios/1015103609
1753920

2
http://www.
businessinsider.
com/how-
many-apps-
people-
download-per-
month-2014-8

年宝贵的时间，将来要改为原生应用。"[1]且不论对错，大致在这个时间点之后， Native开发逐渐统治移动端，而H5在业务中的应用逐步被边缘化。

- 2014年，经过数年的快速增长后，Native的增长逐步放缓，一份调查显示，约2/3美国用户每月不下载任何新应用[2]；同时国内一些大型App包体积接近上限，新功能、新业务难以扩充。

- 2015年，也称为动态化框架元年，从年初的NativeScript、ReactNative 到年底阿里的Weex，它们都使用HTML/JS/CSS写页面，渲染出Native UI，在开发效率和用户体验上吸收了H5和Native各自的优点。

4.1.3 动态化框架

谈到了动态化框架，技术演进到最后为什么不是H5或者Native呢？

Native开发的诸多亮点中，流畅体验和系统调用是最多被提及的，然而，实际上是痛并快乐着。

- 流畅体验体现在页面滚动/动画的流畅性，背后是更好的内存管理和更接近原生的性能。但是，这同时又是Web的痛点：资源首次下载时间长、长页面内存溢出，以及滚动性能、动画性能、传统Web性能（如JS执行效率）低。

- Native 有丰富的系统调用能力，而Web的痛点在于：W3C 标准太慢、设备访问能力有限以及API 兼容性问题较严重，如 Geolocation 在 Android Webview 中可用性很差。

H5开发同样有诸多亮点，其中最耀眼的当属发布能力和规模协作，但是问题同样不少，主要体现在：

- Native App 商店审核周期长（尤指 iOS）。应用更新周期长，iOS 稍快大概能达到一周更新率 60%～80%，Android 同样的更新率要2周甚至更长。而H5在合适的缓存机制下一分钟可达到 99%以上。

- 浏览器内核Webkit提供了相对一致的底层运行环境，HTML/JS/CSS控制页面的结构/行为/样式，URI连接不同的页面，有了这些基础设施，大规模的业务复用和人与人的分工协作变得相对轻松。

由此，我们可以看到，Native和H5开发各有其痛点，如果能开发一套新的技术克服这些弊端，同时又能吸收Native和H5的优势，一定会带来很多惊喜。这就是动态化框架诞生的技术背景。

 **Weex**

Weex是一个移动端动态化框架，它能够吸收H5和Native的优势，同时保证易用性。Weex利用Native的优势解决了H5的痛点，具体如下：

- H5对内存的控制不足，尤其是长列表内存，这会导致过长的H5页面占用过多的内存，容易导致App崩溃。

- H5长列表流畅性不够。一个是滚动时的流畅性，技术指标上表现为帧率；另一个是所谓的"黏手感"差，也就是屏幕响应手指操作的变化速度较慢。

- H5大区块的动画流畅性差，典型如Banner和侧边栏等组件。

- H5 WebView[1]滚动过程中懒加载图片会导致"白屏"。

Weex利用H5的优势解决了Native的痛点：

- 解决了iOS、Android等平台需要开发多套功能重复代码的问题。

- 解决了Native无法做到即时发布及响应市场变化周期较长的挑战。

- 提升了大规模团队在复杂集成系统平台上开发App的效率。

以2016年双11主会场（可用淘宝扫描如图4-3所示二维码观看对比视频）为例，H5的问题非常明显：

- H5滚动过程中图片加载缓慢，滚动过程中系统阻止了JS执行，导致图片懒加载被延迟。

- H5"黏手感"较差，响应延迟。

> 1
> WebView：是一种Native组件，可以理解为嵌入App中的简化版浏览器。

图4-3　2016双11主会场录屏，视频中左起分别为H5、Weex iOS、Weex Android

再看一下Weex页面加载的效果（扫描如图4-4所示二维码观看）。

图4-4　主会场启动，二维码左起分别为WiFi、4G、3G

无论WiFi、4G、3G下都能确保秒开（下载+首屏渲染<1s），即使在2G这种慢速网络下也能在4s内看到页面。

下面简单看下Weex的工作原理，将 Weex 架构（如图4-5所示）自上而下地展开如下。

（1）业务层：Weex 双11主战场是手机淘宝和手机天猫，此外还有大量客户端已经启用或接入了Weex。

（2）中间件层：包括为 Weex 页面提供发布（斑马、AWP）、预加载（AWP）、客户端接入支持（AliWeex）、组件库（SUI）、游戏引擎、图表库等模块。其中斑马、AWP、预加载都直接参与了双11。

（3）工具层。

○ DevTools：界面和交互复用了Webkit Devtools，支持elements、network、断点、console等。

○ Playground：方便开发者调试Weex页面，同时也是Weex example的聚集地。

○ Cli：Weex 命令行工具集。

目前仍在建设更多的工具，如 weex-pack 支持一键打包成 App。

（4）DSL（领域语言）

○ JS Framework，Weex 最初的 DSL 基于 Vue.js 1.0 语法子集；目前社区中在推进基于 Vue.js 2.0 的版本。

○ Rax，基于 reactjs 语法的 Weex DSL（有正式开源计划）。

（5）渲染引擎：从架构设计上，Android/iOS/H5渲染引擎是相互独立、地位平等的渲染端，这是保持三端一致的基础，当然在协议实现层面需要更多的设计、质量保证。

图4-5　Weex架构

将架构中的DSL和Engine独立出来看，如图4-6所示。

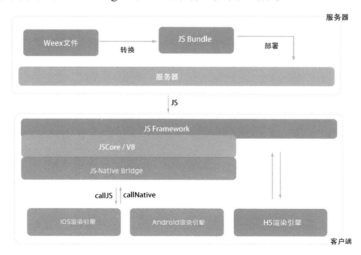

图4-6　Weex工作原理

（1）写好的Weex文件（.we文件）通过转换工具转换为JS Bundle，再部
署到服务器上。

（2）客户端上的JS Framework负责加载JS Bundle并与Native通信。

（3）iOS使用系统的JSCore运行JS，Android使用V8运行JS。

（4）JS和Native通过JSCore/V8暴露的通信接口来通信。

（5）Weex从架构上支持了iOS、Android、H5渲染引擎，做到了真正意义上的三端一致。

 4.1.5 阿里双11会场的移动技术演进

始于2009年的阿里双11见证并参与了移动技术变迁的全过程。阿里双11会场所使用的技术大致分为以下阶段：

（1）2009—2012年，完全使用H5，移动端规模较小。

（2）2013—2014年，完全使用H5，移动端规模爆发式增长，H5的用户体验问题也被放大。但是会场的高时效性决定了会场很难通过Native来实现，每年双11都会到11月10日晚上才完全停止页面的发布。如果通过Native发布就很困难了。这就迫切需要一套既有高性能又有高发布效率的方案。

（3）2015年，大部分页面使用H5，主会场使用了Weex的最初版本，在单个页面上实现了高性能和高发布效率。

（4）2016年，Weex不只在单个页面上做到了预期的目标，同时覆盖了99.6%（1747/1754）的2016阿里双11会场，会场页面无论是打开的速度、滚动的流畅性都保证了较好的用户体验。

Weex不只是服务于大促会场的技术方案，它还可以被运用于更广泛的业务领域。因为无论从设计理念还是技术架构上，Weex都没有对此做强制的约束。

4.1.6 Weex的未来

2005年出现了AJAX（Asynchronous JavaScript And XML），在AJAX出现之前[1]，大部分PC Web页面是依靠在浏览器中通过F5快捷键或MAC CMD+R 触发的刷新操作来更新UI的。以用户注册表单为例，只要对输入的用户名做重复性校验时，就需要刷新页面，这种体验非常糟糕。AJAX允许在JS中发起异步的网络请求（不阻塞页面操作），得到服务端响应的数据后再通过JS更新UI。同样是用户注册表单的例子，通过AJAX发起重复性校验请求，然后更新UI。伴随着Gmail、Google Map、Google Search Suggestion 等一系列产品的成功，AJAX逐渐成为PC Web开发的标配，PC

1
AJAX出现前也有通过iframe等方案实现异步通信的，但是复杂性、效率低，AJAX出现后极大推动了PC Web的发展。

Web也逐步走向了历史的颠峰。

AJAX引发了PC时代的一次巨变：PC桌面软件向Web端迁移。在技术的世界里，每一次重大演进几乎都在重复AJAX的轨迹：看似小的变化，解决了旧技术最大的痛点，进而引发了技术革命。前端和客户端仍属于快速成长的技术领域，这样的例子尤其多：如Node引发的前端工具和服务端热潮，Gulp引发的流式构建热潮逐步侵蚀Grunt市场，Swift逐渐进入iOS开发领域，等等。

今天的Weex似乎也走在和AJAX相似的一条道路上。Weex出现之前，大部分移动端开发是使用H5或Native技术的，各有优点，但缺点也非常明显。伴随着2016年阿里双11中Weex的大规模应用和良好的用户体验，Weex有机会成为下一个AJAX吗？或者说Weex会带来移动端上的一次巨变吗？让我们拭目以待。

4.2　互动，让购物变成狂欢

▼执笔人
继勋：天猫产品技术部资深技术专家，天猫互动&天猫超市技术负责人。

2016年11月10日晚，在深圳市大运中心体育馆，一场国内最顶尖的大型综艺狂欢Show ——"天猫双11狂欢夜晚会"火热上演。而在舞台二层一个不起眼的过道上，阿里双11互动团队的一群工程师正在紧张地工作着，这里是临时搭建的互动控制台，整场晚会所有的互动指令都从这里发出，控制台上所有的按钮都被戏称为核按钮。这台在当晚电视收视榜上位居榜首的狂欢夜晚会取得了圆满成功，全场完成了74亿次互动，仅科比游戏环节就引发网友9.78亿次点赞。

在之前的发布会上，晚会总导演、超级碗（Super Bowl）金牌制作人大卫·希尔[1]这样形容这场娱乐结合科技的盛宴："电视直播正在发生天翻地覆的变化，洛杉矶（好莱坞所在地）正在热烈讨论如何做跨屏互动直播。所以2016年被阿里赋能的'双11狂欢节'，是全球首次创新，这也是面向未来的节目方式。这让人想到'硅谷+好莱坞'的模式，这将是最好的组合，带来最好的体验。"

1
大卫·希尔：著名导演、制作人，督导了20多年"超级碗"及《美国偶像》等众多超级IP级电视节目。

4.2.1 互动发展历程

伴随着双11从最初的购物节向全民狂欢盛典的转变，互动娱乐所扮演的角色也越来越重要，各种创新玩法和互动技术也随之诞生。

1. 从"狂欢城"说起

经过2009、2010两年的探索和尝试，在2011年的双11，天猫首次提出了双11的节日化策略，要把单纯的大促升级为节日。

"既然是节日，除了买，还要玩。狂欢城，就是玩的核心抓手。"时任天猫市场部负责人的应宏[1]提出了一个非常大胆而又新颖的想法。

"狂欢城"推翻了传统促销会场平面、线性的形式，通过场景化的立体空间（如图4-7所示）来展现品牌形象，通过轻互动的方式来建立品牌与消费者的连接，这种全新的交互形式迅速获得了消费者的认可，取得了非常好的业务结果。从此，"狂欢城"也成了每年双11的保留项目。而除了每年变换不同的场景外，"狂欢城"背后的互动技术也在不断创新和升级。

1
应宏：时任天
猫市场部负责
人，现任阿里
鱼总经理。

图4-7　2011年双11"狂欢城"

（1）从PC到移动

随着移动浪潮的到来，"狂欢城"的主战场逐渐从PC端转向手机，各种挑战也随之而来。

移动设备的硬件配置、软件环境、网络条件日趋复杂，使得"狂欢城"的业务逻辑需要建立在大量的适配之上，要做到一个URL背后完美消化各种复杂的组合情况。为了解决这个问题，天猫的前端开发了一个用来侦测终端环境的模块——Detector[1]。

受限于移动端设备的能力，性能优化一直是"狂欢城"这种大型场景的重中之重。那么，"狂欢城"有多大？如果用A4纸将"狂欢城"打印出来，连在一起将接近3米！为了将性能做到极致，我们进行了大量的尝试，使用了多种优化手段。

- **视窗内渲染**："如果对象完全不在可视区域内，则不渲染"，这可以大大减少CPU的占用率。

- **懒加载**：图片资源一开始是不加载的，在用户滚动到附近区域时才加载，以此减少网络请求。

- **加载限流**：由于使用懒加载机制，当用户快速滑动到比较远的区域时，会瞬间触发大量资源加载，这时会发现页面变得非常卡，加载完成后才变好，因此我们使用了限流方案，限制同时只能加载4个图片，并实时调整加载顺序，优先加载用户当前可见区域内的图片。

- **Canvas Cache**：使用一个额外的Canvas来保存已经绘制过的内容，下一次使用时直接从这个Canvas上读取，这样就可以大大减少Canvas的绘制次数。经测试，原先"狂欢城"首屏绘制次数约为75次，使用Cache后约为28次，减少了63%。

- **设定图片规格**：由于图片占用的内存大小遵循"超出则向上取最接近的2次幂数"的原则，即一张大小为480像素×320像素的图片，在载入内存后，其占用内存大小将变为512像素×512像素，因此我们在设计图片时设定了一个规格分类，使之在"2次幂数"原则下达到最优。

- **低端设备降级**：在低端设备上使用1倍图片，减少内存占用，并且不显示动画。

- **地图拼合**：使用地图拼合方案可以复用大量地图图片，大大减少需要加载的图片资源，如图4-8所示。

1
Detector：有多种语言版本，可以快速判断终端信息，非常便捷实用。

图4-8　2015年"狂欢城"的地图由一个个六边形拼合而成

（2）从2D到3D

2016年双11，我们首次尝试使用Web 3D技术来开发"狂欢城"，拉开了Web 3D技术在电商领域大规模应用的序幕。

在最初的场景设计方案中，我们首先想到的是3D巡航场景[1]。但是，当我们制作Demo的时候，碰到了两个难以回避的问题：

- 在屏幕单位面积上露出的品牌内容偏少，无法满足品牌曝光的业务需求。
- 使用真实的场景需要比较大的3D模型文件（包括纹理和顶点、面数），目前手机WebView[2]环境还无法胜任这种体量的模型渲染输出。

这迫使我们必须调整场景设计方案，"天才"的设计师们提出了一种类似滚筒的场景方案，可以很好地解决品牌曝光的问题。同时，为了减少3D模型的大小，我们使用了类似Billboard广告牌的方案来构建模型，通过调整模型视角来实现3D效果，如图4-9所示。

1
3D巡航场景：和多数第一人称游戏类似，使用第一人称的视角在品牌场景中边逛边玩。

2
手机WebView：移动系统内置的供第三方App调用的浏览器组件。

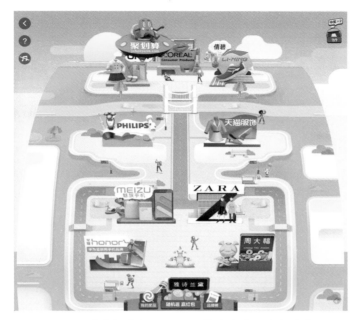

图4-9　滚筒场景与Billboard风格结合的3D版狂欢城

为了尽可能地增强3D效果，同时保证页面性能，有几个细节我们尤为
关注：

- 根据近大远小的原则，滚筒一圈展示的屏数多少对3D效果有显著影
  响，如图4-10所示。

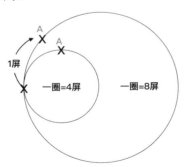

图4-10　滚筒一圈展示4屏比展示8屏的3D效果要好

- 摄像机的开角（即视场FOV）变大，捕捉的场景也随之变大，单个
  品牌随之变小，调整摄像机视场开角和位置，让1/4圆环落进摄像机
  视野，能够获得比较好的效果，如图4-11所示。

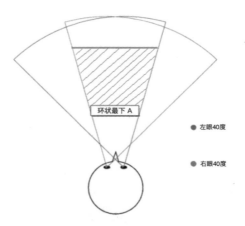

图4-11 让1/4圆环落进摄像机视野，效果较好

- 减小渲染场景，尽可能避开不必要的渲染，可以显著提升性能，降低机器发热，如图4-12所示。

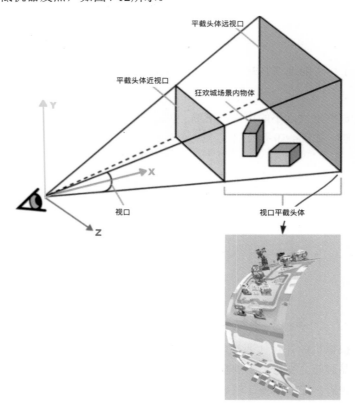

图4-12 只渲染摄像机捕捉区域的场景

（3）互动开放

2014年双11，为了满足大量品牌对于互动的个性化需求，我们推出了互动开放平台。第三方开发者通过我们提供的SDK开发的具备电商属性的小游戏，能够接入品牌在PC端和移动端的店铺中，俗称"互动到店"。通过这些精心设计的互动游戏，消费者能够更深入地了解品牌，品牌也能更直接地捕获用户诉求。

互动开放SDK由Tida（JS SDK）和Mis（Native SDK）两部分组成，第三方开发者只需关心Tida SDK即可，如图4-13所示。Tida SDK屏蔽了手机淘宝、手机天猫等各终端的差异，向第三方开发者提供统一的API。Tida SDK以Hybrid Bridge的形式调用Mis SDK提供的Native能力，Mis SDK的统一调用层会根据调用方的信息来验权，验权通过后调用对应的Native API。同时，Mis SDK还使用了API服务注册管理器模式来提供API的扩展能力。

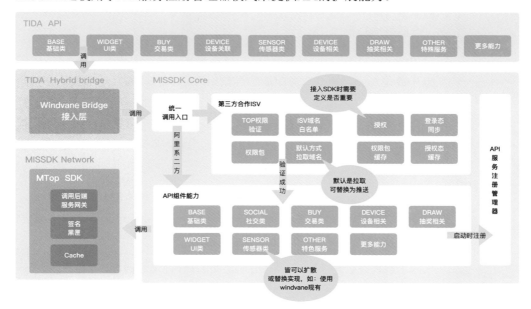

图4-13　互动开放SDK

2014年双11的互动开放战略取得了巨大的成功，消费者体验到了多款不同游戏的互动乐趣，品牌的进店流量相比2013年有了爆发性增长，多款互动游戏的参与用户达到数百万，第三方开发者的知名度得以提升，可谓是多赢。

互动开放SDK也随着业务的发展在不断完善，陆续增加了AR、音频、视频等相关的API[1]。

4.2.2 **所有努力的最终大考 —— 双11晚会**

2015年11月10日晚，一场被称为"双11春晚"的大型综艺晚会——"天猫2015双11狂欢夜"在北京水立方成功上演，标志着双11向节日化的远景又迈出了关键一步。这是一场被晚会总导演冯小刚誉为"最不像晚会的晚会"，晚会总策划应宏称："最互联网的晚会"。

2015年双11狂欢夜从开始策划到最终成功上演不到3个月时间，堪称大型直播晚会的奇迹，而技术实现与节目策划几乎同步进行，需求变更时有发生，为了尽可能减小每次需求变更的影响，我们大量采用了模块化的开发模式，将每一个节目做成一个模块，以此来灵活应对节目单的调整。同时，由于这是我们第一次做现场直播场景下的互动，为了确保万无一失，我们放弃了诸如声纹识别、WebSocket长连接等看上去更具技术含量的方案，以成熟换稳定。

2016年双11晚会项目的启动比2015年要早一些，天猫互动技术团队在7月初开始介入项目，与业务团队、导演组开始头脑风暴互动形式，在杭州植物园的一个书院里，我们确定了2016年双11晚会的核心玩法——双向互动。所有人都对这个玩法兴奋不已，想象一下，用户可以通过在手机端互动真正参与到晚会中来，影响节目的进程，这是多么有趣的事，这将彻底改变传统电视行业我演你看的模式。

确定了双向互动的核心玩法后，我们开始细化具体的双向互动形式，经过多次创意讨论，最终确定了点赞上屏、点赞支持所选队伍、人生AB剧及跨屏抢星衣等多种双向互动形式。

为了解决晚会现场与电视播出端之间的1分钟延迟问题，我们发明了一种类似"时光隧道"的机制，以保证手机端看到的数据与电视端L屏[1]显示的数据一致，如图4-14所示。

1
电视端L屏：
电视端的L形
虚拟屏幕。

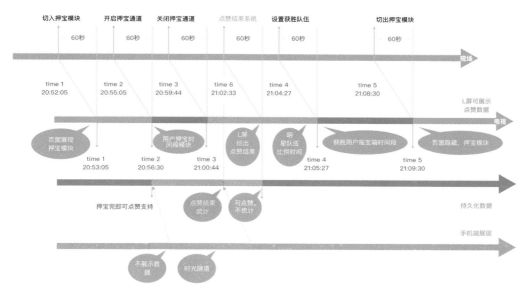

图4-14　时光隧道

我们也首次在现场直播的场景下，运用AR技术来实现跨屏抢星衣互动，让观众感受到刘昊然和志玲姐姐扔出的衣服从电视屏幕中穿越到手机屏幕，并从手机屏幕破屏而出的震撼效果，如图4-15所示。

图4-15　跨屏抢星衣

这确实称得上是一场划时代的晚会，双向互动的玩法颠覆了传统电视行业几十年来的模式，为这个行业带来了革命性的创新。虽然目前跨屏互动的制作手法和呈现效果仍然稍显粗糙和稚嫩，但未来一定会出现越来越多的创新和突破，更多成熟的技术手段也将被应用到跨屏互动中来，我们很高兴能成为改变这个行业的先行者。

4.2.3 互动游戏引擎 —— Hilo

最后，说到互动的发展历程，就不得不提Hilo。Hilo起源于阿里巴巴前端委员会互动游戏工作组中一个构建游戏基础服务的项目，是一套HTML5跨终端的互动游戏解决方案，拥有极简的内核，提供包括DOM、Canvas、Flash、WebGL等多种渲染方案，满足全终端和高性能要求。支持多种模块范式的包装版本，并提供开放的扩展方式，方便开发者进行应用接入。另外，还内建了对2D物理、骨骼动画的支持，以及丰富的周边工具及开发案例。

在经过多届双11及天猫大量日常互动营销活动的检验后，为了回馈开源社区，我们在2016年3月正式将Hilo开源[1]，并在2017年1月正式发布了Hilo的3D模块Hilo3D。

Hilo采用极简的内核，核心模块包括基础类工具（Class）、事件系统（EventMixin）、渲染（Render）和可视对象（View），整体架构如图4-16所示。

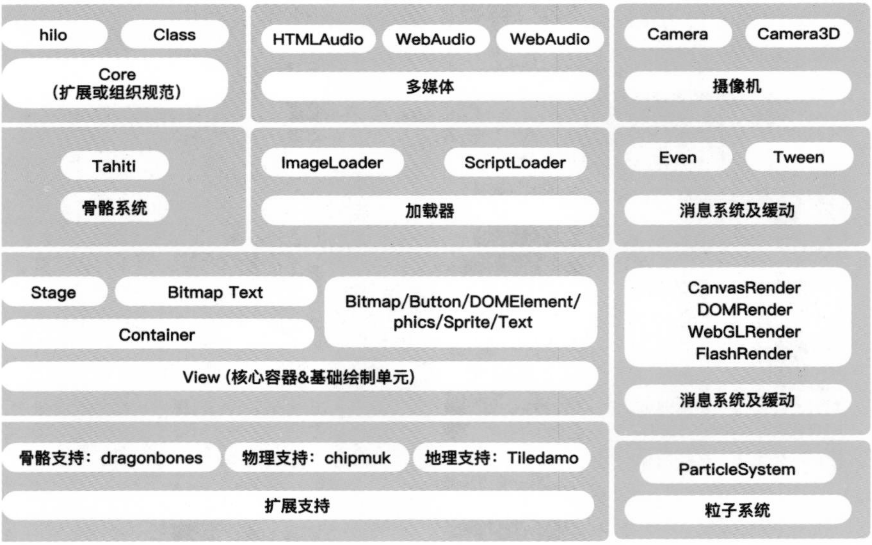

图4-16 Hilo核心架构

Hilo首次提出了特别的渲染方案——即提供DOM、Canvas、Flash和WebGL四种渲染的方式来实现渲染。这四种渲染方式是和View独立分开的，View在做自身属性更新时完全不需要考虑怎样被"画"出来，同样，拿到View后我们可以使用不同的"画笔"把它描绘出来。如果你有更好的

1
在Github上的Hilo官方仓库（https://github.com/hiloteam/Hilo）里，提供了大量样例及教程，感兴趣的读者可以前往了解。

绘制方式，也可以很方便地扩展出更多的渲染方案。

特别地，在Flash的渲染模式下，Hilo首先将View所有和绘图相关的方法通过JSBridge的方式交由适配器FlashAdapter，由FlashAdapter翻译成对应的Flash工程实现绘制的方法。

除了多种渲染模式外，Hilo还提供了一些其他的衍生能力。这些衍生能力或者来自每次项目的技术改进，或者来自对其他优秀引擎能力的吸收。例如，Hilo支持主流骨骼动画和自建的骨骼动画系统（Tahiti）、"狂欢城"多图片下高性能优化及主流物理引擎无缝支持，以及一些特殊物理效果实现。

 **4.2.4 未来已来**

互动技术不仅局限于各种营销活动，在提升购物交互体验方面，也同样大有可为，各行各业已开始基于自己的业务特点，运用不同的互动技术来提升用户的消费体验，比如美妆行业的虚拟试妆，家居行业的3D全景家装，服饰行业的虚拟试衣间、智能穿搭等。

相信随着技术的不断发展，终有一天，我们能够实现足不出户、"触"达天下的梦想。

4.3 VR&AR，移动端创新体验

和别的双11故事不一样，GnomeMagic LAB（简称GM LAB[1]）是一个成立不到一年的实验室。2016年3月，GM LAB由淘宝移动的互动研发团队、市场团队、互动视觉团队共同发起，致力于探索包括VR&AR在内的新技术带来的新体验。

实验室的起源其实很有意思。三个团队在2014年就开始并肩作战做创新互动，在2014年的双11共同创造了"AR亲脸红包"等新型互动。在2015年的双11一起合作创造了包括"红包雨"、"搜索&关键词密令"等引领

▼执笔人
湘菜：淘宝移动平台资深技术专家，GM LAB技术负责人。

1
GM LAB：实验室的名字来源于魔兽世界中Gnome这个种族，这个种族善于思考和创造，借以寓示GM LAB是一个持续创造新东西的地方。

1
CES:
International
Consumer
Electronics
Show（国际
消费类电子产
品展览会），
是知名国际性
电子产品和科
技的贸易展览
会，展始于
1967年。

2
Buy+：阿里
巴巴于2016
年4月推出的
Virtual Reality
（虚拟现实）
购物方式。

3
寻找狂欢猫：
阿里巴巴于
2016年双11
推出的AR互
动。

4
造物节：阿里
巴巴2016年年
中推出的线下
活动，旨在表
达淘宝的创造
力。

行业的互动方式。在2016年初的CES[1]后，大家同时感受到了新的消费者端设备、新的技术带来的变革，希望能够创立一个实验室，紧跟新时代。当时实验室拿到了200万元的启动资金，用于建立实体的实验室基地和购买新设备，这极大地方便了整个探索过程。

2016年双11，GM LAB经过半年多的探索和积累，在移动端开创了多种新的互动玩法和新的业务尝试，把最新的技术和现有的业务结合起来。比如，通过"Buy+"[2]在未来购物体验的探索做一款能够用于购物的VR应用，通过"寻找狂欢猫"[3]这样的AR活动挑战线上线下的双重链接。新技术和业务的融合本身就是一条不易走的道路，更难的是在短时间内进行上线。这两个体验创新项目是如何炼成的？下面就来揭开它们的神秘面纱。

4.3.1　VR，电商的Buy+之路

2016年被称为VR元年，消费级的VR产品如雨后春笋般冒了出来。GM LAB从成立之初就开始进入这个领域，创立了Buy+（败家）这个品牌，走出了电商的VR之路。

2016年4月1日，Buy+宣传视频上线。这是GM LAB团队的第一次尝试——为了观察市场对VR购物有没有兴趣而制作的一个概念视频。结果出乎意料，这个视频很快形成热点话题，引发用户自传播，很快达到1亿次以上的播放量，成了一个现象级的内容。市场的强烈反馈给了团队充足的信心去探索真正的VR购物。

2016年7月22日，PC Buy+正式在造物节[4]发布。它基于Unity构建两个豪华的购物场景，并用HTC VIVE作为硬件方案呈现给了用户。这是一个完整的线下购物体验的线上化体验故事。用户会有一个导购员一直带领着购物，也可以和虚拟场景中的其他用户自由对话。用户可以在场景中自由移动，可以360度观察物品，体验买家秀，了解商品详情，并模拟完成整个购物体验。

造物节期间开放体验了3天，每天爆满，每个人都排队两个小时以上，就为了体验一下Buy+。在2016年8月初的G20期间，有4个国家的总统体验了Buy+。PC Buy+让我们看到了VR购物的原型和未来努力的方向。在项目中明确的多人通信、商品建模、场景建模成了后面技术的三个重点。

同时，我们也意识到了PC解决方案的不足，受限于PC VR设备的高昂成本，设备的普及率会是一个较为长远的事情。如果希望能让更多的用户体验到VR购物，就必须在Mobile（移动）端有所行动。

2016年11月1日，Mobile Buy+正式在手机淘宝客户端发布。这个项目是在双11全球化背景下，试图打造移动端VR购物体验，总共800万用户参与其中，反馈热烈。

这个项目在9月初确定方向，希望能够让尽量多的人体验到Buy+，同时需要确保体验底线，即做到场景可移动、商品有交互、链路能闭环，并在全球化真实场景中体验VR购物。由于现在VR发展的阶段还属于早期，有一大堆的技术问题和内容制作问题需要解决，方案虽不少但都有先天的缺陷。而且，留给Buy+双11项目组的时间只有两个月，因此我们需要快速做出大方向的选择。

1. 选择

（1）Mobile是最重要的选择。为了让更多的消费者体验到，只能放弃性能强劲的PC，放弃了GearVR这样的独占式平台，最终选择了Cardboard类的头显。这个选择带来了规模的提升，同时也不得不直面大量中低端机型性能不足的问题。

（2）全景视频是最明智的选择。当时可以选择全景视频或者3D建模，之所以没有选择3D建模，是考虑高精模的建模成本，以及现阶段手机的普遍性能不足以完成渲染。同时业界Mobile VR的客观现状是交互手段较少，也在很大程度上降低了全景视频方案对于自由度的伤害。更重要的是，全景视频也符合未来云端渲染的技术路径。逍遥子的特批，使得团队可以出国拍摄实景，扫平了这个选择的最后一丝顾虑。

（3）OpenGL是最无奈的选择。为了集成进入手机淘宝这个庞然大物，成熟的3D引擎成了不可选择项。但放弃手机淘宝做独立客户端又使得用户需要下载和推广，这更加不可行。用OpenGL去完成所有功能成了当时唯一的办法。

大方案的快速选择使得技术研发和内容制作可以同步进行。选择完毕后，就是找到办法去实现既定目标。

2. 方案

（1）场景可移动

Buy+的技术团队完成了两个方向的全自由移动，如图4-17所示。原理是把一个全景视频拍完以后，再制作一个倒播的视频，用户在正向走动时会播放正向的视频，逆向走动时会播放倒播视频。由于是全景视频，因此要使用户在任何时候停下来都可以看到周围的环境，体验上就和自己真的在行走一样。这个想法简单又取巧地解决了可移动的问题。实际上技术团队在7月份的时候就有了这方面的想法，8月份完成了最初的技术预研后，使得这个方案能够快速地落地。

图4-17　场景可移动

（2）商品有交互

商品有交互的前提是需要在场景中标定出可购买的商品。这个标定方案的确立是一个非常纠结的故事。如果用图像识别来标定，识别率将是很大的障碍。如果使用轨道车进行拍摄，所有的拍摄都是匀速的，仍然很难计算准确。仅标定方案，技术团队就进行了三次实验和无数次讨论，最终一线研发工程师灵光一闪，提出了一个半自动方案，为什么不能在PC端播放视频，同时人工用鼠标来跟踪商品呢？事实证明，这个方案相当有效率，每个场景10分钟内就能制作完成，如图4-18所示。

图4-18 商品有交互——标定出可购买商品

标定完成后就是实际的商品交互方式了。3D商品的展现，我们采用了商品环拍的方式，每隔一定度数取一张照片。商品和背景要想融合得好，必须把商品背景抠成透明的。由于图片量大，我们还结合了绿幕的手段提升效率，如图4-19所示。

图4-19 商品有交互——3D商品的展现

（3）链路能闭环

没有交易链路的VR购物是不完整的，但是整个交易链非常复杂和冗长，用户的操作成本非常高，对研发效率提出了挑战。

减少用户自有的操作是第一要素。比如让用户进入Buy+时就强行登录，并且判断是否设置了默认收货地址，保证用户在VR世界有限的交互条件下不用输入过多内容。

研发效率也需要以创新的方式进行提升。要知道OpenGL并不方便入门，整个技术团队熟悉的人极少。云魂[1]作为团队中熟悉计算机视觉、熟悉OpenGL、同时也熟悉工程研发的人员，提出了VR UI的新研发方式。即使用iOS或者Android的UI View完成UI的绘制，再作为贴图放置在VR世界中。这使得原来的客户端工程师不再需要专业的OpenGL功底，基于VR UI SDK和调试工具，完成了全链路的研发，如图4-20所示。

1
云魂：时任
Buy+的架构负
责人。

图4-20　链路能闭环

双11的Buy+项目，构建了全球第一个完整的VR购物应用。很多看似简单的技术方案，凝聚了大量思考和选择。这次探索是VR行业的一小步，却是VR技术商业化的一大步。

 4.3.2　AR，从玩法到商业

AR技术其实很早就有尝试。早在2014年双11，就有"AR亲脸红包"这样的互动；2015年，也尝试了AR试妆台这样的业务产品。2016年，GM

　　LAB创立之后，技术和业务上都做了一些演进。在技术端优化了基于标定物的识别算法，引入了SLAM[1]以做更好的跟踪，基于传感器做姿态识别，并提供了开放能力给外部。在业务上和市场及品牌合作中，在中秋等大型节日做玩法，品牌方也可以自己去找供应商基于开放的API去定制互动（如图4-21所示）。2016年双11甚至有部分游戏就是使用了这样的AR的开放API去完成（如图4-22所示）。

图4-21　日常AR玩法

图4-22　双11中的AR游戏

　　整体而言，AR的业务都以营销玩法为主在进行摸索。但2016年7月，Pokemon GO[2]的横空出世给了团队新的思考。这个游戏成功地引导了用户线下的行为轨迹，这是一种非常有商业空间的业务形态。基于这个思考，双11寻找狂欢猫项目应运而生，如图4-23所示。

1
SLAM:
Simultaneous
Localization
And Mapping
（同步定位与建图），主要为了解决在未知的环境中扫描环境并定位自己的位置的问题。

2
Pokemon GO:
2016年极度流行的手机AR游戏。

图4-23　寻找狂欢猫

寻找狂欢猫项目的业务逻辑非常有趣。项目组认为，AR互动可以给用户带来不一样的感受，让线下的用户更有现场感，使得它成了很好的互动形态。而线下实体店的权益使得用户有了行动的动力。同时，考虑到线下优惠无法让所有用户参与，比如部分用户地处偏远，就容易造成权益的浪费。在玩法设计上，会根据用户的LBS去发放权益。对于身边无法兑换权益的用户，发放线上权益，保障流量充分利用。这种设计，使得寻找狂欢猫项目成为了一个连接线上线下的双向通道。

2016年10月27日，寻找狂欢猫上线后，有一亿用户参与到了这个游戏中，在线下银泰城的黄金猫事件中，把整个银泰城的客流量提升了10%。

寻找狂欢猫项目从立项到上线只有一个半月时间，在有限的时间里，有两个核心的难点摆在了项目组面前。

（1）业务逻辑复杂

作为一个互动，连接了线上线下9个业务，而每种业务场景又有独特投放、抽奖、兑换逻辑，这使得整个业务复杂度和变化度都非常高。

这里项目组并没有使用常规的产品开发模式，而是使用了互动研发体系来提升研发效率和应变能力。这是一个有利有弊的选择，它可以非常快速地完成研发，但在维护和升级方面会遇到困难。

（2）技术要求复杂

作为一个AR业务项目，里面包含了很多非常规的技术，有三种技术需要提到：

- **LBS-AR**，用于完成手机姿态估计。完成这件事情需要用到手机中最常用的加速度计、磁力计和陀螺仪。重力加速的方向用于预估手机的基础姿态，磁力计用于判断手机朝向，加入低通滤波可进行防抖修正。而精准度更高的陀螺仪可以获取手机旋转信息，结合前面的传感器信息加入卡尔曼滤波可完成更为准确的估计。

- **Web3D**，用于提供3D地图页的渲染效果。Web3D有很多方案，最终选择了Canvas 3D来做，主要是因为WebGL并不是所有机器都支持。选择这个方案后需要手工搭建建筑物，将贴图贴在建筑物上，并加入一些光照效果。同时通过六边形投影算法，把LBS信息转化为游戏场景坐标，最终完成渲染。

- **T3D引擎**，用于渲染3D动画。项目中用到了自研的3D引擎的骨骼蒙皮动画、粒子系统、多mesh part渲染等特性进行核心动画的渲染。不仅性能得到了保障，还解决了3D的兼容性问题。

客观来说，这些技术储备，缺少任何一块，都无法完成这个任务。幸运的是，GM LAB在上半年完成了这些技术和人才的积累。但即便如此，在如此短的时间里完成这个高度复杂的业务，也使得这个项目无比"脆弱"。

煮旺[1]是寻找狂欢猫项目的负责人。在项目组中有这样一个日常，每晚都会在项目室中围坐着一群人，运营居中操控着电脑投屏，配置和调整明天需要运营的内容，而煮旺带着开发、测试及产品同事陪同在左右两侧紧盯着屏幕，时不时地提醒着要命的配置出现了问题，就这样持续着直到第二天的到来。长达15天的活动日复一日如此，掰着指头算着还剩几天，"稳稳的幸福"来之不易。

寻找狂欢猫是GM LAB中把AR和线下商业进行结合的探索，在双11中看到了更多的可能性，我们也将基于此重新思考，持续投入，继续前进。

 ### 4.3.3 如何持续创新

2016年，GM LAB在双11时做了很多常规互动，也做了VR和AR这样的创新尝试，取得了一些成绩。那么如何才能做到创新的持续化呢？事实上，创建实验室的三个团队从2014年就在探索这个问题。GM LAB的技术团队积累了大量的经验和技术产品，创造出了一套自己的互动研发体系，如图4-24所示。

1

煮旺：时任手机淘宝闪屏的技术负责人，被紧急抽调加入狂欢猫项目组。

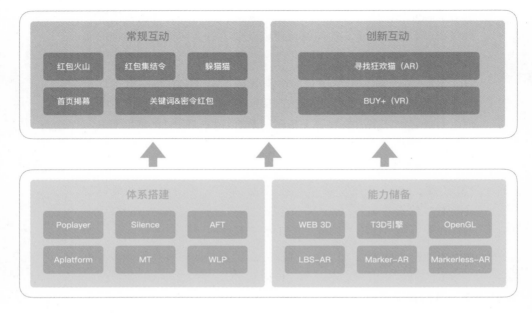

图4-24　持续创新体系

2014年，Aplatform诞生，作为服务端的PaaS开发平台，让业务代码能够快速完成研发和部署上线。WLP诞生，实现了奖池快速生成和配置，以及快速奖品发放。

2015年，Poplayer诞生，使得前端开发可以无侵入地在客户端上加入新的交互能力。MT诞生，让运营小二方便地管理线上内容。

2016年，Silence诞生，用于快速上线客户端的JS-Bridge接口。AFT诞生，用于快速进行前端页面的动画研发。

这六大技术产品构成了以"快"为目标的互动研发体系，保障了GM LAB的快速研发和交付。同样重要的还有新技术的积累，GM LAB基于未来储备了新的技术和相关人才。这些正是GM LAB持续快速探索的根基。未来的移动端，势必涌现出更多新的精彩。

▼ 执笔人

毗卢：业务平台事业部交易平台高级技术专家，交易平台架构师；

勾乞：业务平台事业部交易平台技术专家，奥创负责人。

4.4　奥创&TMF，让双11多端业务腾飞

在过去的10年间，随着智能手机、电视盒子的普及，移动应用快速增长。移动应用给人们带来了非常好的用户体验，面对不同的细分市场，各类应用都用自身的特色吸引用户，抢占市场。在阿里内部，针对不同类型的购物场景，也涌现出了许多优秀应用，如手机淘宝、天猫、聚划算、淘宝全球、飞猪（去啊）、淘票票、村淘等。各类移动应用的涌现虽然极大地提高了购物体验，但也带来了一些挑战：

- 和传统的Web应用相比，移动应用无法随意发布并实时生效。应用的每一次发布都需要提交到应用商店审核，而且需要用户同意升级。一般来说，新版应用发布周期平均需要一个月。如果前端应用承载了过多的业务逻辑，就会导致每次有新的业务需求，都需要发布新版本。

- 阿里内部的各类移动应用的用户交互行为没有统一标准，各个应用都积累了一些基础控件，这些控件有着各自五花八门的输入和输出标准。

- 各类应用与后端的交易系统的对接方式也不统一，存在大量针对来自不同客户端的接口定制，接口输入和输出数据格式也不统一。

- 由于一些业务逻辑存在前端应用、接口不统一、数据不统一，再加上移动业务场景的多样化，进一步导致了后端的交易处理代码需要做大量的适配。每当满足一个新的业务场景时，不能很清晰地知道平台能提供哪些能力，可以如何做业务扩展，是否能做到和其他业务的隔离，不会产生相互影响。

4.4.1　奥创&TMF诞生

针对前端应用与后端服务数据交互标准化，2013年无线萧然[1]和共享平台的周健[2]、勾乞发起了奥创多端数据协议平台项目，并由交易平台团队阿

1
萧然：淘宝移动平台高级无线技术专家。

2
周健：共享事业部技术专家。

1
阿飞：共享事
业部交易平台
负责人，资深
技术专家。

2
若海：现任是
业务平台事业
部交易平台资
深技术专家，
时任共享事
业部平台架构
组高级技术专
家。

飞[1]、若海[2]带领发展壮大，最终完成了阿里内各类端应用在交易链路上的前后端数据交互统一。

随着一套平台支撑的业务种类越来越多，这些业务在具体的业务需求上五花八门，千差万别，为了支撑业务的快速发展。对平台能基于"业务"维度的高可扩展性、可配置性、业务与平台分离、支持快速迭代发布等提出了更高的要求。2015年，余刚主导设计了新一代的交易模块化框架（TMF：Trade Modularize Framework）。并基于新框架完成交易平台核心链路系统的改造。实现了业务与平台的分离、业务与业务间解耦及业务可视化快速配置与发布。

前面提到的奥创与TMF两个平台，在一次用户下单确认过程，即从购物车点击"结算"按钮，到订单确认页面展现举例，其大致交互过程如图4-25所示。

图4-25　用户下单的交互过程

3
业务身份：是
指一次业务交
互过程中的唯
一标识。比
如，汽车业
务的业务身份
可以是"biz.
car"，服装
业务的身份
可以是"biz.
clothing"。在
每次业务请求
中，只有"业
务身份"明确
了，才能根据
身份去加载相
应的流程、配
置及规则进行
业务逻辑处
理。

- 下单请求无论从哪个端过来，都会由统一的接入网关处理。

- 奥创数据协议平台会对本次请求进行解析，识别出各类页面参数、页面行为、端信息等，并对这些信息进行结构化。结构化后的数据会传递给TMF框架。

- TMF框架会针对本次请求的关键参数进行"业务身份"[3]识别，并根据识别的业务身份，去调用相应的后端服务进行处理，将结果返回给奥创。

- 奥创在收到本次业务请求的返回结果后，会将该结果根据规则转换成前端可识别的ViewModel，最终前端根据ViewModel数据完成界面渲染。

4.4.2　TMF框架的演进

交易平台作为电商核心平台之一，承载着阿里系各类电商业务，而这些业务之间的业务逻辑差异非常大。比如发货这个功能，需求就千差万别：

- 电子凭证类是属于虚拟发货，没有实际物流。此类商品在购买时，需要用户提供手机号码，用于已购商品的发码及核销。此类商品，如果购买了多份，一般都会按照商品维度进行拆单，并按商品维度进行发码与核销。

- 普通实物商品的交易，一般都有实际物流。此类商品在购买时，需要提供收货地址。这类商品如果购买了多份，一般会根据商品重量、体积等因素进行拆单，做分批发货。

- 盒马业务，有自己的线下体验店及线上App两种交易模式。针对线上下单，需要根据客户的预约时间进行按时配送，而不是传统的快速物流方式。针对线下门店的交易，就不存在发货和配送，是线下自提。

在实际支撑业务中，类似于这样的业务差异点非常多，针对这些差异化需求，交易平台架构大致经历了"硬编码→SPI+决策树→业务/平台分离架构"的演进，如图4-26所示。

图4-26　交易平台架构演进

1. 2006—2012年："硬编码"方式做业务定制

随着各类购物客户端快速发展，大量的业务在具体到某个功能点上时，业务逻辑千差万别，甚至是相互矛盾的。比如，在获取商品单价时，有的价格信息保存在商品中心，而有的业务商品单价是由外部系统接口返回的。这类业务差异的处理代码，早期是通过类似if…else…进行业务处理逻辑分流。这种处理方式导致的问题也很突出，可扩展性差，每增加一种业务处理逻辑，都只能用if…else…方式去添加。

2. 2013—2015年：SPI+决策树方式支撑业务定制

对于业务有冲突的逻辑处理，通过在每个冲突点上设计一套SPI（Service Provider Interface）机制[1]来解决。

基于SPI的定制逻辑扩展机制，在业务种类少、不同业务在逻辑叠加度小的情况下可以在很大程度上解决业务可定制化、多样化的问题。但随着交易平台支撑各类业务的增加，就会导致各类业务在同一个扩展点上的叠加效应越来越突出。其中最薄弱的点就是 SPI接口中是否需要执行的过滤方法（filter）的编写。一旦过滤方法写得不好，就可能会造成不该执行的逻辑被执行了，或者把后续本该执行的逻辑给跳过了。

在阿里庞大的交易平台中，提供给业务可扩展的SPI多达几百个。一个业务的最终逻辑要正确，就需要该业务确保这几百个SPI决策树中每个节点注册的位置正确，过滤方法中的过滤条件正确，同时执行逻辑也必须正确。不仅如此，本业务注册的SPI都正确了，还需要其他业务注册的SPI也都是正确的，这导致了业务与业务之间的高度耦合。对于新开发的业务需求，最困难的就是要对新注册扩展点进行业务叠加的影响评估，在后续业务测试和发布过程中，发现问题最多的也是业务叠加所导致的错误。

3. 2015年以后：业务/平台分离架构

在这种背景下，交易平台迫切需要一种容器机制，基于这种容器机制能将各个业务模块化，并能按照业务模块的维度进行注册与加载。此外，SPI的加载，也需要按照业务的维度进行注册管理。在SPI的执行过程中，不需要对本业务之外的SPI进行过滤（filter）及执行，做到业务与业务之间的逻辑完全隔离。因此，TMF框架在架构层面最大的特点主要体现如下。

- 业务包方式管理：不同的业务，都以独立的可部署包形式（Java jar包）存在，容器以可插拔方式实现动态加载、卸载，业务包中包含了该业务所有的定制逻辑。

- 围绕业务身份进行可扩展点管理、规则配置及运行：每个业务包都会有一组可识别的"业务身份"。在SPI管理及规则的管理上，都围绕这个"业务身份"进行分组管理。

- 在一次业务交互过程中，不需要像之前那样对几百个SPI的filter方法进行判定，只需要对本次请求进行一次"业务身份"识别，在"业

[1] 这套机制简单地说，就是一种有条件的函数回调（Callback）。

务身份"识别完成后，即可根据该"业务身份"精准找到支持该业务的业务包中的定制逻辑，彻底消除业务之间的耦合问题。

基于TMF的交易平台总体逻辑架构如图4-27所示。

图4-27 交易平台总体逻辑架构图

 ### 4.4.3 奥创多端数据协议平台的演进

交易平台的多端解决方案大致经历了两个阶段：从基于MVC的架构向MVVM+SDK架构演进，如图4-28所示。

图4-28 多端解决方案两个阶段

1. 2006—2012年：基于MVC架构的多端呈现架构

MVC（Model View Controller）是Web应用设计典范，目的是用一种业务逻辑、数据、界面显示分离的方法组织代码，将业务逻辑聚集到一个部件里。

- Model（模型）表示应用程序核心（比如数据库记录列表）。
- View（视图）显示数据（数据库记录）。
- Controller（控制器）处理输入（写入数据库记录）。

MVC模式下的人机交互、后台处理过程大致如图4-29所示。

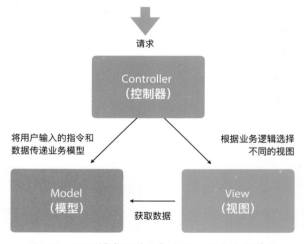

图4-29 MVC模式下的人机交互、后台处理过程

在MVC模式下，Controller是完成了响应用户请求后，根据用户请求调用业务逻辑并得到业务模型，并将该业务模型转换成视图进行页面呈现。在传统的PC Web页面时代，Controller在构建可浏览的视图过程中，需要选择页面渲染模板，准备模板执行需要的数据，产生出可供浏览器渲染的HTML数据后，让浏览器解释并渲染。当下流行的文本模板引擎，

如Velocity、FreeMaker等，功能非常强大，比如我们可以在模板中写各类 #if()… #end 的条件判断等。这就进一步造成页面元素的展现逻辑被分散在各个小的模板文件中。在应用多端化后问题就来了：

首先，纯Native的移动应用并不需要Web应用里的模板，即使需要模板，不同的手机平台上，有相应的模板引擎，比如iOS上比较流行的MGTemplateEngine。因此，Web应用的模板里的业务逻辑，就需要在移动应用中重新实现一遍。

其次，手机上的界面控件受屏幕大小、操作系统UI规范、触摸式交互习惯等限制，Web应用中的一些界面元素并不能适用于移动应用。原本在PC上可以一次交互完成的操作，在移动应用中就需要多次交互才能完成。

最后，同一个后台有时要支撑不同移动应用的接入。比如，阿里的交易平台要支撑手机淘宝、天猫、飞猪、盒马生鲜等。这些应用往往由不同部门负责，甚至同一客户端的不同平台版本（iOS、Android）也由不同的开发团队负责。如果没有一套统一数据规范及各个端上对该规范进行解析处理的SDK，那么前后端的数据交互、适配的工作量不仅是巨大的，而且还是重复的。

2. 2013年以后：基于MVVM + SDK的多端解决方案

在这个背景下，奥创多端数据协议平台提出基于MVVM（Model-View-ViewModel）模式进行人机交互中的数据协议规范。MVVM模式是业界公认的对传统MVC模式的改良，并且跟我们遇到的问题域比较吻合。

图4-30　MVVM模式

MVVM的核心思想就是新增了一层ViewModel，隔离了View和Model的直接通信，由服务端吐出ViewModel，供端上直接使用，端上的开发只需要关心ViewModel和View的数据绑定，这样就屏蔽了端上承载过多业务逻辑的可能性。

奥创多端数据协议平台所提供的核心功能就是将业务需要呈现的视图分解成一堆小的组件，每个组件满足相互隔离、高内聚、无法相互通信的设计准则。这些视图所需要的小组件，就是上述的ViewModel。针对不同的端平台还提供了端对应的SDK，并由SDK负责在不同端上进行人机交互界面的渲染。人机的交互过程又涉及数据协议和通信协议。基于这种机制，服务端只需要提供一套稳定的业务模型，由映射规则完成业务模型到业务组件数据的映射。在数据映射过程中，可以根据业务类型、端等做差异化的映射。比如，商品信息在PC下，只需要映射成一个大的组件，但在手机淘宝上，则需要映射成多个小的组件。最终完成整体页面到局部细节的渲染。

 ### 总结

奥创&TMF平台，承载了阿里庞大、复杂、多样化的业务，保证了业务稳定性、业务与业务隔离、业务与平台分离、业务可扩展性。在2016年双11中，成功支撑了（133个业务 + 60个产品）交易业务的完整性和稳定性，这些业务运行在PC、H5、Native等多个端，10多种App；成功支持了40万QPS的下单渲染请求、8万QPS的异步请求、17万QPS的参数提交请求。

繁荣生态，赋能商家

双11已经走过了八年，从最初阿里内部员工的一个点子到全球购物的狂欢节，从5200万元人民币到1207亿元人民币的交易额，数字是让商家和消费者肾上腺素迅速蹿升的一个直接因素。但数字只是露出水面的冰山一角，支撑这些数字的是服务、物流、大数据、云计算、金融服务的升级，是商家自身业务结构的调整、消费者消费习惯的转变、第三方开发者的大量入驻，以及整个商业格局的变迁。

　　2016年双11，天猫再次创下新的交易纪录。数亿元人民币的订单、每秒12万元人民币的支付峰值、6.57亿个包裹、两亿条客户咨询、海量数据统计与展示，这是对阿里的又一次大考，也是对整个商业生态的又一次大考。本章将介绍聚石塔如何让商家的系统从容应对流量高峰，生意参谋如何通过大数据赋能商家，阿里小蜜如何让客户服务更加智能，菜鸟电子面单如何让物流更加高效，支付宝如何携同银行一起应对瞬时暴增的支付量，以及阿里如何把支撑多年双11活动并共同成长的互联网中间件技术回馈社会，与生态共同进步，携手创造更美好的未来。

5.1　聚石塔，开放的电商云工作台

2016年11月11日1点11分，家住深圳的李先生在自己付完尾款11分钟后，快递小哥已经拎着良品铺子[1]的零食来到了自家门前。这是2016年天猫双11良品铺子O2O的第一单，这短短11分钟是如何做到的呢？良品铺子通过消费者预售订单里的收货地址，提前将产品配送到离消费者最近的门店，消费者一旦下单后，全渠道系统自动将信息推送给该门店，门店就在第一时间接到订单，门店快递就可以在第一时间将产品送给消费者。

商家极速履行订单，就近备货、实时推单、门店发货的背后都是由聚石塔提供的服务，通过"开放API"让商家获取收货地址进行大数据分析备货，通过"订单同步服务"实时推送订单到商家系统进行履行，通过"全渠道商品通"服务让商家实现门店极速发货。

那么聚石塔是什么呢？聚石塔是天猫携手阿里云、万网联合推出的一个"开放的电商云工作平台"，以云计算为"塔基"，以淘宝开放平台为链接系统，为天猫、淘宝平台上的电商及电商服务商提供IT基础设施和数据云服务。

2016年双11，聚石塔以数万台云资源支持了数百万商家稳定处理订单，商家在塔内处理的订单占全网订单的比例超过99%；双11期间聚石塔用户弹性升级资源超过5000台，RDS集群峰值访问量超过400万次/秒，ECS集群出口带宽峰值超过6Gbps。淘宝开放平台双11当天的API调用量超过350亿次，API峰值调用量超过70万次/秒。聚石塔和淘宝开放平台再一次续写了零故障、零漏单的战绩。

5.1.1　起源

2007年1月，阿里提出Work at Alibaba战略，希望为中小企业提供一个工作平台，借鉴业界著名的Salesforce[2]模式开发一个半开放的工作平台，一年后发现效果并不好，开发者很难利用平台做二次开发。淘宝首席架构师菲青[3]找到当时阿里软件架构师放翁[4]，提出了一个非常新颖的概念——开放平台：把淘宝的商品、交易、会员等基础能力以API的形式开放出去，

▼ 执笔人

凤胜：阿里巴巴高级技术专家，淘宝开放平台架构师；

亮香：阿里商家事业部高级运营专家，开放平台&聚石塔运营。

1
良品铺子：天猫上的一家集休闲食品研发、加工分装、零售服务为一体的专业品牌连锁运营公司。

2
Salesforce：客户关系管理软件服务提供商，软件即服务（SaaS）的开创者。

3
菲青：时任淘宝网首席架构师，曾担任商家事业部总裁、阿里云总裁，现任菜鸟网络CTO。

4
放翁：时任阿里软件架构师，曾担任淘宝开放平台总架构师，千牛创始人，现任1688大市场部负责人。

让开发者基于API做二次开发，为淘宝的用户提供个性化经营工具。两周后，放翁开发出了开放平台原型，由此开启了阿里的开放之路。聚石塔与开放平台的发展历程如图5-1所示。

图5-1　聚石塔与开放平台发展历程图

5.1.2　开放生态的崛起

2007年年底，半开放的工作台模式已经被否定，集团内部开始尝试以服务组件化（SCA）的方式来实现接口互通。服务化看似美好，但对于内部来说框架限制太重，性能、调试、维护、协作效率都会受到影响，最后决定以API的形式来实现接口互通。

2008年开放平台雏形逐渐形成，平台基础设施基本建立，开始开放少量API，提供简化的软件市场。随着调用量的快速增长，安全问题凸显，于是平台参考oAuth协议设计了自有的授权协议来解决数据安全问题，同时首次使用Hadoop、Memcached等新技术解决API调用日志数据的查询和API调用路由信息缓存等问题。

2009年平台开始进行产品化，业务上系统化地进行API开放，推出服务市场（淘宝软件商店）并进行软件市场化运作。技术上引入权限管理与流量控制等访问控制手段，进行API请求延迟解释优化，自建分布式日志统计框架雏形，推出主动通知服务。

2010年平台业务开始爆发，淘宝举行的"赢在淘宝"开发者创新大赛吸引了众多开发者参与，诞生了一批优质的卖家工具，同时大量站长基于开放平台做淘宝导购网站。由于业务的爆发，API开放数量急剧增加，平台开发成本增高，为了解决这个问题，平台推出了API接入平台，创新性地实现了API自助开放、API文档和SDK自动生成，大幅提高了API接入效率。

2011年服务市场日趋成熟，海量卖家工具涌现，淘宝客[1]持续火爆。技术上，分布式日志框架做到每3分钟统计一次结果，分析规则动态化配置；主动通知服务支持HTTP长连接与流式通信，实现实时通知；引入权重线程池，实现服务异步处理隔离，保证了平台的稳定性。

1
淘宝客：淘宝
导购网站。

从2007年到2011年是淘宝开放平台从无到有快速发展的第一个阶段。开放平台开放的API数量从0增加到700多个，日均调用量从0快速增加到19亿次，业务场景从基础的商品、交易、会员、物流拓展到大淘宝的机票、彩票、酒店、保险、理财、电子书、SNS、买家互动应用和营销等丰富场景。2011年的开放平台技术架构如图5-2所示。

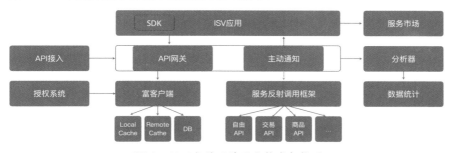

图5-2　2011年的开放平台技术架构图

5.1.3　开放生态的繁荣

随着淘系业务的快速发展，淘宝开放平台引领的开放生态也在高速发展。大商家通过卖家中心手工处理订单已经无法满足订单处理的效率要求，很多大商家都用上了开发者为其量身定制的ERP、OMS、CRM、商品管理、促销管理、物流管理等专业软件，这些专业化的业务软件在帮助商家提高业务处理效率的同时也带来了两个问题：

- 商家自行购买服务器部署软件时，不仅硬件采购成本高，而且每到大促时由于服务器性能不足，会导致商家软件系统的处理效率反而降低，商家大促期间的订单处理发货效率比平时更低。

- 商家服务器缺乏足够的安全保障，经常发生由于黑客攻击导致的订单数据泄露。由于服务器部署在商家侧或者部署在外部第三方的IDC机房内，平台对于以上问题也无能为力。

阿里云的腾飞为这个难题找到了一个解决方案。当时的商家事业部总裁菲青与开放平台总监张阔[1]找到阿里云王坚博士一起筹划建设了面向开发者的安全、稳定、弹性的电商云平台——聚石塔，如图5-3所示。聚石塔的建设打消了集团内部对于数据开放安全问题的担忧，同时聚石塔云环境弹性升级的优势在商家大促期间发挥得淋漓尽致。聚石塔的出现极大地推动了开放业务以更快的速度发展。

1
张阔：时任淘宝开放平台与聚石塔产品总监，曾担任手淘、百川的产品负责人，现任商家事业部总经理。

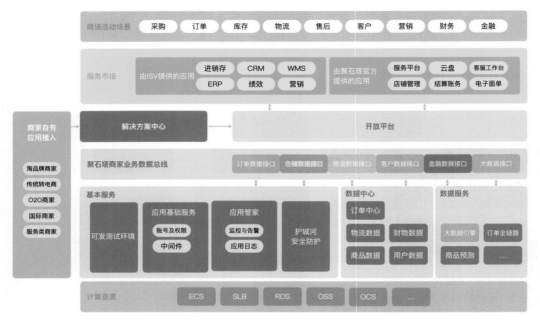

图5-3 聚石塔产品架构图

2012年，聚石塔诞生，淘宝客消退。聚石塔从0到1建设，引入ECS、RDS等基础云产品，并在此基础上进行安全加固后提供给开发者使用。当年聚石塔的ECS、RDS资源数量增长到2000台，成为当年阿里云发展最快的业务板块，全网商家20%的订单在聚石塔内处理。

2013年，由于聚石塔的引入，各业务线的开放进一步加速，集团其他业务板块如云OS、游戏等也加入开放行列，聚石塔新引入SLB、OCS、CDN等基础产品，基础云资源规模超过6000台，聚石塔内订单处理的占比超过40%。值得一提的是，聚石塔与开放平台联合推出了一个让商家和服务商非常兴奋的产品——订单数据同步服务，开放平台直接将商家的订单数据同步至商家的聚石塔RDS数据库中，彻底解决了商家通过API获取订单的延时和漏单问题。

2014年，聚石塔的发展取得了突破性进展，在时任电商云总监范生[1]的带领下，聚石塔团队取得了非常可喜的成果，聚石塔云资源规模超过10000台，聚石塔内订单处理占比超过95%，顺利完成了聚石塔的阶段性目标。同时，依托于开放平台和聚石塔的新业务开始发芽生长，订单全链路、云栈电子面单、电商贷、云聆等服务一一登场亮相。

从2012年到2014年，开放生态全面开花，开放平台API数量从900增

1 范生：时任商家事业部总监，电商云的产品和运营负责人，现任菜鸟快递部总监。

加到2500，日均API调用量从25亿增长到160亿。聚石塔从无到有，资源规模短时间内达到上万台，95%的订单在聚石塔内处理，各类新业务此起彼伏，不断涌现。值得一提的是，在此期间，放翁主导的千牛[1]崛起，成为商家端工具的一大亮点，千牛替换了旺旺成为商家端客服工具，同时围绕千牛端的开放，吸引了一批开发者投身到千牛插件的开发，衍生出了商品、交易等各种类型的千牛插件。2014年的开放平台技术架构如图5-4所示。

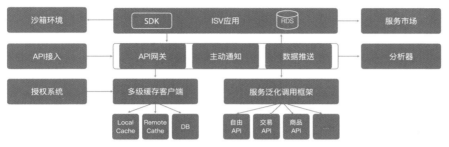

图5-4　2014年的开放平台技术架构图

5.1.4　开放生态的赋能

2014年双11，天猫的成交额达到571亿元人民币，物流订单达到2.78亿人民币，当日数十万、百万单级别的商家纷纷涌现，不仅三只松鼠、韩都衣舍等淘品牌成绩亮眼，美的、太平鸟、优衣库等传统品牌商也在双11当天取得了优异的成绩。然而，在成绩的背后，开放平台和聚石塔团队遇到了新的挑战：

- 如何在技术上帮助服务商和商家进行系统架构优化，提高订单处理效率？

- 如何在业务上帮助传统品牌商转型，实现线上线下全渠道经营，提高经营效率？

面对新的挑战，时任共享与商家事业部总裁的优昙[2]提出赋能商家战略。在技术上，全面开放阿里核心技术能力帮助商家优化系统架构；在业务上，通过全渠道战略帮助商家线上线下经营提效。

2015年是阿里核心技术能力开放的元年，阿里中间件团队将阿里内部多年沉淀出来的技术中间件以云的方式对外开放，DRDS、ONS、DTS、ODPS、TIS等中间件纷纷对外开放，开放平台的开发者们可以像使用ECS、RDS等基础云产品一样在聚石塔上使用阿里开放的云中间件，实现

1
千牛：阿里巴巴商家客服工作台，旺旺卖家版的接替者。

2
优昙：时任商家事业部与共享事业部副总裁，曾任天猫事业部副总裁，现任盒马鲜生副总裁。

1

奇门：聚石塔
推出的一个企
业标准化数据
总线。

自身架构的SaaS化升级，当年80%的开发者使用阿里中间件完成了应用的SaaS升级。开放平台从自开放生态向三方生态标准化接入方向发展，奇门[1]作为三方系统对接标准首先在ERP-WMS、EPR-TMS等领域打造标杆形成三方系统对接的行业标准，极大地降低了三方系统互联互通的开发成本；聚石塔从IaaS走向PaaS，推出了EWS（企业工作站）产品，把阿里内部的运维能力输出给开发者，让每一个开发者通过EWS都可以高效地运维系统。同年阿里提出全渠道战略，帮助线下品牌商加速全渠道布局，快速实现门店发货、门店自提等全渠道场景，也让消费者拥有更好的服务体验。

2016年，在商家事业部领头人张阔的带领下，开放生态进行全面升级，千牛、开放平台、聚石塔融合形成云-网-端架构，推动服务商应用向千牛插件化方向发展，加速精品化应用的孵化和扶植。全渠道聚焦商品通、会员通、服务通能力的建设，加速线上线下融合。聚星台[2]、多媒体平台、电子发票、C2B定制服务等新的开放生态茁壮成长。

2

聚星台：聚石
塔推出的一个
云CRM产品，
支持店铺千人
千面、一客一
策等功能。

 **5.1.5 总结**

阿里的开放生态从无到有，从弱到强，不仅让千千万万开发者找到了事业的归宿，更为平台上的数百万商家提供了多样化、个性化的工具，在帮助开发者赚取数十亿元收入的同时，更帮助数百万商家提高经营效率，完成全渠道转型。

聚石塔的诞生，不仅解决了淘宝、天猫商家的系统稳定和安全问题，更是对电商行业的重大改进，开拓了中国云计算商业化的先河，"商业+开放平台+云计算"的模式已成为互联网商业平台的标配。

2016年，马云在云栖大会上提出新的"五通一平"，即新零售、新技术、新制造、新金融、新能源及公平的经营和竞争环境，阿里定位为全社会的商业水电煤基础设施，而由开放平台、聚石塔、千牛构建的开放生态无疑将成为这个伟大事业的排头兵，继续引领生态合作伙伴们向新的征程进发。

5.2　菜鸟电子面单，大数据改变物流

▼执笔人

兰博：菜鸟快递技术部负责人，菜鸟架构委员会成员；

北岩：菜鸟快递技术部技术专家，菜鸟电子面单与智能分单技术团队负责人。

随着2016年11月12日零点的到来，菜鸟数据大屏上电子面单双11期间的单日调取峰值超过3亿（当日发货调取量），远超预期，我们又一次取得重大突破。每年的双11我们都在刷新物流行业的纪录，每次都将看似不可能完成的任务加速完成。经过两年多的努力，菜鸟电子面单已经成为中国快递行业最重要的基础设施之一，如同快递公司的小件员、快递电动车、分拨中心等，成为快递行业必不可少的组成部分。

5.2.1　初识电子面单

菜鸟电子面单从2013年的一个想法，到2014年双11期间单日调取峰值达到1200万，快速发展到2015年双11单日调取峰值1.2亿，以及2016年双11的单日调取峰值3.01亿。电子面单对物流行业的推动价值可以通过一组数据来体现：从签收时间上来看，2013年双11包裹签收1亿耗时9天，2014年耗时6天，2015年提速到了4天，2016年则进一步提速到3.5天。我们在一步一步推动行业的快速发展，努力实现"以数据和连接赋能快递行业"的远大目标。

菜鸟电子面单是菜鸟网络联合主流物流公司共同推出的一种在线的标准化服务平台，它实现了行业统一的电子面单接入规范与面单应用标准。菜鸟电子面单服务向所有ISV[1]免费开放，商家通过ISV系统可以快速接入并使用菜鸟电子面单服务。

菜鸟电子面单在整个交易发货、物流操作链路中起到数据连接的关键作用，把交易订单、物流订单、包裹轨迹等信息有机地串联在一起；打通了快递公司与商家ERP系统之间双向互动的通道，可实时跟踪订单各个环节的处理状态并将包裹的作业数据可视化，极大地提高了各系统间作业的处理效率。各快递合作伙伴数据显示，使用电子面单后，发货速度提高30%以上。

菜鸟电子面单作为包裹的ID这样一个特殊的载体，可以承载更多的物流服务与标签，便于物流服务价值的可视化传递及快递作业流程实操的指引。目前典型的快递时效产品有菜鸟联盟时效服务、橙诺达服务[2]，以及

1
ISV：简称独立软件服务商，本文主要指代商家用来管理订单、发货等业务的软件系统。

2
橙诺达服务：菜鸟联合主流快递公司推出的一种快递包裹时效承诺服务标准。

2016年双11的关键产品智能分单[1]等。

1

智能分单：菜鸟推出的一种在电子面单打印时自动计算包裹流向对应的末端分拨中心及网点的技术，用来取代目前传统的人工计算模式，极大地提升了操作效率，下文有详细介绍。

5.2.2 电子面单的前世今生

从2013年双11开始，传统的纯人工作业方式特别是手写纸质面单和快递分拨中心人工分单模式已不能支持日益增长的包裹量，商家的发货能力与快递公司的处理能力都遭遇瓶颈，我们必须要寻找一个能够有效解决商家发货效率低下同时能提高快递公司作业效率的方法，菜鸟电子面单应运而生，如图5-5所示。

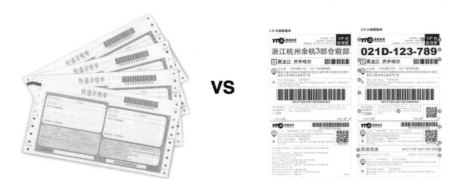

图5-5　手写纸质面单VS电子面单

1. 客户之声

菜鸟网络的电子面单受到快递企业的热捧，申通快递总裁陈小英就明确对外表示："菜鸟的大数据平台为快递企业和行业服务水平及效率的提高提供了很多帮助，希望能加深与菜鸟战略合作的广度和深度，特别是在电子面单等数据方面实现无缝对接。"德邦快递电子面单项目负责人左高鹏表示，在和菜鸟电子面单平台对接入驻后，德邦快递实现了电商卖家批量智能下单，电子面单目的站明确清晰，货物分拣效率也得到进一步提高，"最明显的就是录单的时间从过去的2分钟降低到1秒"。中通更是全力拥抱菜鸟联手推出的大数据产品，在全体系内全力推广菜鸟电子面单，并在此基础上与菜鸟进一步开展大数据应用的探索。

2. 发展历程

• 2014年年初项目立项，菜鸟CTO菲青希望我们的电子面单系统能在商家与快递公司之间建立起一个快速的信息传递和作业通道，把商家发货与包裹物流链路信息全部打通，提高双方效率，赋能商家与快递。

- 2014年5月4日青年节，菜鸟电子面单平台第一期正式对外发布，我们在3个月内联合多家主流的快递公司一起制定了电子面单的接入标准与应用规范，同时通过服务赋能的方式接入了20多家ISV。同年6月1日，菜鸟电子面单第一单正式产生，同年双11，菜鸟电子面单单日峰值突破千万，我们有了一批粉丝客户：三只松鼠、森马、御泥坊等。

- 2015年年初，普世[1]加入菜鸟并负责电子面单项目，同时给我们制定了一个当时看起来不可能完成的目标——2015年双11菜鸟电子面单单日峰值破亿。面对如此有挑战的目标，项目组非常兴奋，到快递公司内部深挖电子面单的应用场景与价值，不断调研客户需求，在2015年连续推出了基于电子面单的增值服务：快递智能分单、电子面单物流轨迹全程追踪等。同时项目组不断优化产品体验，升级系统架构，确保服务的绝对稳定性，2015年双11超额完成目标。

- 2016年是菜鸟电子面单的关键年，经过两年的快速发展，菜鸟电子面单在淘系内的市场份额持续高增长，我们希望继续扩大规模。与此同时，随着行业内电子面单的推广，面单模板打印格式不一致的问题越来越突出，甚至影响到了时效服务、智能分单等基于电子面单的增值服务的发展。同时电子面单的市场份额越来越大，已经逐渐成为中国快递行业的基础设施，系统的高可用性变得异常重要。针对这些问题与挑战，项目组通过不断努力，推出了菜鸟电子面单标准模板规范，保障2016年全年菜鸟电子面单系统的可用率达到5个9[2]，并在双11当天超额完成业务目标。

菜鸟电子面单的演进之路如图5-6所示。

经过菜鸟和合作伙伴电子面单项目组两年多的努力，菜鸟电子面单除了在市场渗透率方面取得了巨大进展，整个产品从最初只生成面单号到现在以面单号为核心衍生出了一系列的增值服务产品。在业务场景上，从最初仅支持主流快递到现在支持落地配和国际物流公司，客户形态从淘系的卖家到仓储物流服务商，到企业用户，再到普通消费者寄件。作为行业内最重要的基础设施之一，菜鸟电子面单在系统方面也提供了强有力的保障并有诸多创新，例如：为保证系统稳定性，我们实现了同城多机房容灾，

1
普世：菜鸟快递业务团队负责人，直接负责整个电子面单项目组。

2
5个9：菜鸟电子面单系统可用性通过时间来衡量，即全年99.999%的时间能够对外提供服务。

并计划2017年实现系统全面上云，实现了多服务并行计算框架与熔断隔离框架以保障系统性能；为统一面单格式，我们推出了自研的云打印产品。菜鸟电子面单也孵化出诸多创新产品，例如智能分单等。

图5-6　菜鸟电子面单的演进之路

1
"大头笔"：快递公司在分拨中心作业时用来标识每个包裹对应的末端网点的一种代码，便于每个网点的工作人员在分拨中心包裹传送带上面海量的包裹中快捷拣选出属于自己网点的包裹。

2
地址库：菜鸟技术部推出的统一的地址处理相关的服务。

3
二段码：智能分单产品里面用来表示分单到快递末端网点的代码简称，第一段表示末端中心，第二段表示末端网点，两者结合起来简称二段码。

5.2.3 智能分单——电子面单的下一站

在智能分单上线之前，快递公司主要是基于传统的纸质四联面单上手写的"大头笔"[1]来做人工分拣，整个分拣操作有两个弊端：

- 每个包裹上面的"大头笔"编写完全依赖人（熟练工）现场编写，操作效率不高；

- 对熟练工的依赖特别重，而且随着包裹量的不断增长，熟练工的数量没法做到完全线性增长，同时人出错的概率较高，因此对人的依赖特别重，且是一个很大的瓶颈。

基于快递公司目前在末端中心分拣上的痛点，基于菜鸟沉淀的大量订单历史数据加上我们的地址库[2]服务能力，并结合一些特定的业务规则等研发出一套融合算法模型，有效地解决了这个快递行业界难题，同时我们根据这套解决方案重新定义了快递行业的分拣规则。在电子面单生成时，我们就能够通过菜鸟大数据计算系统实时计算出这个面单对应的包裹将由哪个末端中心来分拣，对应哪个末端派件网点，之前这些计算都由人来计算，这样做极大地提高了快递作业的效率。目前菜鸟智能分单二段码[3]计算能力能够达到98%的覆盖率和99.9%的准确率。

经过2015年的发展，菜鸟智能分单技术在行业内取得重大成果，如图5-7所示。我们继续推进及提升，开始考虑为快递员进行智能分单，可以帮助快递员在几千件包裹中快速找出自己要派送的包裹。在此前算法的基础上，新的算法不断升级，2016年双11大促期间，这一新算法在末端网点的应用价值凸显，每个包裹在末端网点的平均等待时间减少了半个小时，有效地提升了包裹的派件时效。

图5-7 智能分单

在双11后的回访调研中，一个快递网点的老板娘看到菜鸟的员工过来，还没等进门就连喊几声："三段码[1]非常好用！"由于新算法能够对应具体的片区和快递员，所以在网点进行包裹分派时，快递员不用读地址，直接读号码就可以快速找到自己的包裹。但老板娘不知道的是，这个她认为好用的东西，其实是新算法、地址库和菜鸟裹裹组合成的产品赋能。

5.2.4 数据正在改变物流

在三年多里，随着菜鸟电子面单的发展，基于电子面单的二段码和三段码、全自动化分拣、全网动态路由调度等基础服务陆续推出，我们创建了一个数据驱动的社会化物流平台。这个平台聚集了国内超过70％的快递包裹、数千家国内外物流企业及200多万物流配送人员。从2016年的双11开始，包裹大迁徙不再依靠人海战术，大数据、智能化的介入让原本依托钢铁与混凝土的物流业有了数据总指挥中心。

目前，我们依托菜鸟电子面单并结合智能分单技术深度赋能快递合作伙伴，极大地提高了快递公司的操作效率。菜鸟电子面单打通了各个环节的信息流，通过数据串通了所有的操作流程，我们将依托该体系规划建设一套快递分拣作业全自动化解决方案，把中心实操环节做到全信息化、自动化，彻底降低对人工的依赖程度，最大程度地提高了操作效率。在推动行业的快速升级上，我们还可以做得更好！

在菜鸟，我们在智能仓储、机器人、无人机、国际物流全程数据打通与履行链路等领域做了积极尝试与努力，期待通过菜鸟的数据与计算能力，深度赋能菜鸟合作伙伴，以技术驱动全球物流行业的升级与革新。

1
三段码：是在二段码的基础之上对快递分单的粒度做了进一步细化，新增了第三段码，代表末端网点（第二段码）覆盖范围内的某个承包区，二段码和第三段码合起来简称三段码。

▼执笔人
小芃：阿里巴巴数据委员会委员长，阿里巴巴数据技术及产品部资深总监；

默飞：生意参谋高级产品专家；

郑邦：生意参谋运营小二。

5.3　生意参谋，数据赋能商家的"黑科技"

20秒交易额过1亿元人民币、52秒交易额破10亿元人民币、6分58秒破100亿元人民币……2016年11月11日，深圳大运中心阿里官方媒体大屏上的数字快速滚动，每个关注现场的人都不由自主地发出赞叹。其实，同样的场景在全国多位商家处也在上演。在安徽芜湖，三只松鼠邀请了500余名市民同员工共度双11（如图5-8所示），还在园区和办公区内分别搭建两块数据大屏。每当大屏上的数字突破一定金额时，人群就会发出一阵欢呼；在浙江杭州，伊芙丽也在作战现场架起多块大屏，邀请全国近百名零售商来到现场，与员工一起感受集团多品牌作战的热烈气氛。

图5-8　2016双11当晚，三只松鼠在园区内搭建观战台，邀请乐队前往演奏

这些商家都在使用的数据大屏来自于生意参谋——阿里官方统一的商家数据产品平台。除了实时展示直播数据，生意参谋在店铺日常经营过程中也可以为商家提供数据披露、分析、诊断、建议、优化、预测等一站式数据产品服务。目前，在大淘系[1]平台上，月成交额30万元人民币以上的商

1
大淘系：主要指阿里巴巴集团旗下淘宝、天猫等2C平台。

家中逾90%在使用生意参谋，月成交金额100万元人民币以上的商家中逾90%每月登录天次达20次以上。

作为阿里大数据在商家端的重要体现，生意参谋是如何获得阿里零售电商市场中商家认可的？它又是如何一步步成长为官方统一的商家数据产品平台的？DT时代全面来临，生意参谋将通过什么方式发挥"新能源"的力量，驱动阿里生态下的商家和从业者实现共同繁荣？

生意参谋的发展历程如图5-9所示。

图5-9 生意参谋的发展历程

5.3.1 起步于1688（2011年8月—2013年年中）

生意参谋诞生于2011年，最早是应用于阿里巴巴B2B市场的数据工具。当时1688市场[2]的内贸供应商已经具备一定的数据意识，对数据也有需求，但已有的官方数据产品更多地作为平台的附属工具存在，鲜有独立的数据产品能围绕商家的实际应用场景进行设计，尤其是在1688市场中。

这是生意参谋诞生后能在1688市场上立足并发展至今的原因。以客户第一作为出发点，能为客户创造价值的产品，一定有它的市场空间。当时，基于商家诉求，我们主要围绕人、货、钱这三个运营场景，为他们量身打造一个全新、独立的数据产品。

在"人"方面，我们主要为商家提供访客在店铺内外的流转路径，以及不同访客的分布情况，解决的是流量维度的问题；在"货"方面，则提供产品诊断、排名查询、关键词分析等"商品"维度的数据；而在"钱"方面，我们则为供应商提供交易趋势、营销效果分析等交易维度的数据。除此之外，我们也提供店铺核心数据解读、关键指标总览、实时交易、实时流量等其他维度的数据服务。

不可否认，一开始的生意参谋1688版和现在的生意参谋零售电商版比，在功能等各个方面是非常单薄的。但恰恰是这个阶段的摸索，让团队沉淀了一套较为完整的数据产品方法论，这为产品后续进入更广阔的淘系市场积蓄了强劲的力量。当前生意参谋1688版功能架构如图5-10所示。

2

1688市场：阿里巴巴集团旗下电商平台，也是中国领先的小企业国内贸易电子商务平台，以批发和采购业务为核心。

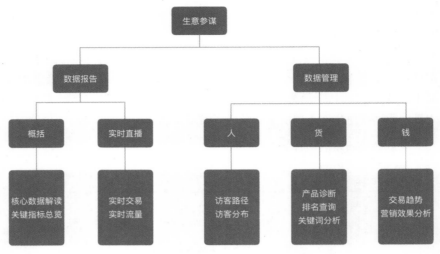

图5-10 生意参谋1688版功能架构图

5.3.2 走进淘系（2013年年中—2014年年中）

2013年对生意参谋来说是一个转折点。一方面，1688版在此时已经日渐成熟，新版、无线插件、豪华版陆续推出或逐渐升级；另一方面，团队开始试水进入淘系，尝试在更广阔的网络零售市场中为更多商家提供数据服务。这次尝试开启了生意参谋发展的新篇章。

2013年下半年，阿里内部发生了一件"大事"。当年10月18日，陆兆禧[1]召集全公司管理者，要求全集团All-in无线，"无线优先"，任何产品和应用优先考虑无线应用。

这个战略给我们带来的启发是，无线已是大势所趋，既然决定了进军淘系，就必须在起步阶段将无线数据考虑在内。尽管这样设计可能导致整体数据计算成本和存储成本翻倍，尽管无线交易在当时还不占多数且许多商家并不是非常重视，但我们还是坚定地选择了这条路。随后，我们又通过千牛工作台上推出无线插件，商家通过移动端随时随地分析店铺经营数据也成为现实。

5.3.3 "整改办"（2014年年中—2015年年底）

2014年至2015年，对生意参谋来说是至关重要的两年。用我们日常开玩笑的话说，这期间我们的角色有点像"拆迁办"和"整改办"。

1
陆兆禧：2013年5月10日，被任命为阿里巴巴集团CEO，2015年5月7日调任阿里巴巴董事局副主席。

当时，我们走访商家发现，很多商家对数据的需求已经不集中在看数和用数上，他们还需要更深入的分析，甚至智能预测。另一方面，当时阿里已有多个数据产品，最高峰时达到38个，不同产品的统计逻辑不一样，这使得商家在运营时颇感困扰。

此外，阿里内部小二使用的数据产品和商家使用的数据产品在指标解释等方面也存在差异，商家遇到运营难题时，也很难和小二对焦沟通。为商家提供一个口径标准、计算准确的统一的数据产品平台，已是势在必行。

但是，如何确保不同人群使用的数据产品都能统一呢？这在很大程度上得益于我们所在的大团队——阿里数据技术及产品部在2013年规划建设、2014年落地的公共数据层One Data。

One Data可以对集团内外数量繁多的数据进行规范化和数据建模，从根本上避免数据指标定义不一致、重复建设的问题。它的落地为生意参谋后续整合集团内的其他数据产品，成为统一商家数据产品平台奠定了数据基础和技术基础。One Data能从根本上对数据进行规范，商家从生意参谋上看到的数据，也可以和集团内部小二看到的数据保持一致[1]，这是当时集团内外其他数据产品无法做到的，如图5-11所示。

1
One Data：同时为阿里集团内小二端的数据产品提供服务。

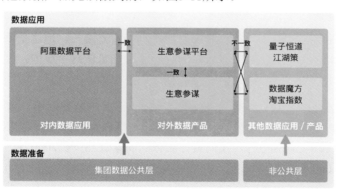

图5-11　当时多个数据产品存在的数据不一致问题

为进一步确保商家看数、用数的一致性，生意参谋在同年开始基于One Data体系整合集团其他数据产品——量子恒道，并在保留其核心功能的基础上升级为生意参谋平台。与此同时，全新的生意参谋平台推出大促活动看板、实时直播大屏和灵活可配置、周期可定制的自助取数等新功能。

其中，实时直播大屏让商家第一次拥有专属的双11大屏。实时监控大促数据不再是阿里官方才拥有的特权，商家也可以同样拥有。截至当年双

11，几乎所有的天猫商家都成为了生意参谋的用户。

2015年，生意参谋继续推动建设官方统一的商家数据产品平台，并对集团的另一款数据产品——数据魔方进行整合，同时推出市场行情。

区别于简单的功能整合，在整个升级过程中，生意参谋其实也在不断拓展平台的数据丰富性，提升其服务能力和服务范围。

以2015年双11前夕推出的"数据作战室"为例，这是一款帮助商家全局指挥和打造影响力的创新产品，可为商家提供店铺核心数据的大屏监控，帮助商家更加直观地把握全局数据。对于分店众多、管理复杂的商家来说，通过作战室的多店概况屏，可以系统查看30家分店的汇总销售数据及销量排名前10的店铺，快速了解分店的销售状况和业绩完成情况。

此外，商家对这款产品的应用也不局限在运营指导上，还广泛应用在品牌传播场景中。2015年和2016年双11，诸如三只松鼠、太平鸟、马克华菲等知名商家都会基于大屏搭建"观战台"，邀请媒体、合作伙伴等前来观战，和员工一同感受双11数字跳动的气氛。

5.3.4 全面平台化（2015年年底以后）

"整改办"的工作并不轻松，甚至过程也有点漫长，但这是每个企业发展到一定阶段都会遇到的问题，总要有部门站出来做这个事情。对此，生意参谋"当仁不让"。

让我们欣慰的是，整合之后，商家不再需要纠结数据不一致的问题，可获得的官方数据服务也越来越丰富，生意参谋也因此受到越来越多商家的认可。截至2016年3月，我们累计服务的商家数已突破2000万，月服务商家数超过600万。

与此同时，我们也发现商家对数据的需求是在不断提升的。以往商家可能更关注店铺运营的相关数据，但随着大环境消费的升级，市场环境竞争加剧，商家越来越关注物流、服务等经营环节之外的数据。对于人员配备完整的商家来说，他们甚至要求不同岗位的员工实时关注不同的数据指标。

因此，在确保商家现有前台业务数据服务的同时，加强商家中后台业务突破，为他们提供"一盘生意背后的一盘数据产品服务"，就成了我们在升级为集团统一商家数据产品平台之后需要尽快推动的事情。

针对这些问题，从2016年起，我们在门户、数据内容、产品形态三个方面对生意参谋进行了全新升级。

- 门户方面，我们实现了多岗多面、多店融合。商家可根据不同的岗位需求，选择生意参谋首页提供哪些数据。对拥有多店的品牌商，只要你在平台上绑定分店，就能实时洞察多个店铺的经营情况。

- 数据内容方面，我们强调全渠道和全链路。全渠道意味着我们从2016年开始，会尝试进一步采集线上线下、阿里内外的多渠道数据；全链路则意味着我们会根据商家的需求，提供线上运营之外更多经营链路的数据服务。同时，作为阿里数据中台[1]的重要组成部分，我们也在加速披露阿里集团最新业务的相关数据，力求"阿里电商业务走到哪，数据就跟到哪"。

- 产品形态方面，生意参谋之前更多是以数据披露、浅度分析为主，从2016年开始，我们会把数据披露、浅度分析作为基础，拓展增值产品，为商家提供深度分析、诊断、建议、优化和预测服务。

除了在电商内领域布局，在2016年生意参谋还做了一个重要尝试，就是布局电商外领域，对不同业态、不同群体进行多样化的数据赋能。

如大家所知，2016年是网红经济的爆发元年，同年双11和双12，网红店铺和直播在其中扮演了重要的角色。但是，如何衡量网红的变现能力、网红如何调节自己的内容发布策略、店铺如何判断网红引流效果、店铺又如何调整自己与CP[2]的合作策略，这些问题如果不能很好地解答，"内容+商业"的效应则将难以最大程度地发挥出来。

这也是生意参谋开始尝试与新浪微博、优酷等自媒体平台合作，推出生意参谋文娱版的原因。我们希望，基于大数据分析、画像匹配，搭建店铺和不同平台的网红之间的关系。截至2016年年底，这个功能已经开始内测。

阿里数据中台视角的生意参谋全景如图5-12所示。

---

1 阿里数据中台：2015年底，阿里巴巴集团启动中台战略，构建符合DT时代的更创新灵活的"大中台、小前台"组织机制和业务机制。数据团队是"大中台"的组成部分。

2 CP：即内容生产者（content-producer），包括自媒体人、网红等。

图5-12 阿里数据中台视角的生意参谋全景图

 **总结**

转眼间，生意参谋成立已经5年多。在这5年中，我们的服务对象从原来的内贸供应商，扩展到淘系零售电商企业，再延伸至自媒体内容生产者（网红等），提供的数据服务也在不断丰富和深化。但生意参谋的核心理念和自我定位一直没变，那就是作为一系列数据产品的技术能力组件、业务分析方法论、运营服务体系的整体构成，面向阿里生态下的不同业态、不同群体，分层次、分场景、快速、低成本地提供普惠式的数据赋能。

如北京大学新媒体营销研究中心研究员马旗戟老师在参与生意参谋主办的"数据先锋商家评选大会"上所言——尽管大数据在此前通过互联网服务营销和电子政务，已经让数以亿计的国民享受其价值，但唯有电子商务的市场普及化才能让千万家企业（背后意味着数千万实实在在的中国普通民众）在数年之内便真正见识、接触、尝试、理解与掌握大数据的"实在"。

"这不是一般性的科技福利共享，而是对最新科技与经济工具的直接把握，这在人类历史上是从来没有过的，蒸汽机时代没有，核能时代没有，电气时代没有，甚至IT时代也没有，唯有互联网时代有。"

我们十分庆幸，在这日新月异的时代中，生意参谋扮演着连接大数据和万千企业，包括中国普通民众在内的重要角色，并帮助他们受益于阿里大数据。更多的企业和消费者都将有机会感受阿里大数据的力量。在此过程中，生意参谋致力于为大家呈现的，将不仅仅是简单的店铺经营数据，更是阿里生态内不同业态甚至整个中国电子商务快速发展的蓬勃景象。

5.4 阿里小蜜，用智能重新定义服务

▼执笔人
空无：阿里巴巴集团智能创新中心资深总监，阿里小蜜AI技术平台创始人。

电商平台的特点是活动比较大，尤其是双11这种近乎疯狂的大促，交易、支付等技术系统都经受残酷的考验。云计算解决了计算的可伸缩性，通过削峰填谷最大幅度地降低了成本，但是客服这种人力资源的弹性如何解决？机器可以扩容10倍，对任何公司短期增加10倍的人几乎不可能，不仅淘宝、天猫，几百万的商家同样面临这个问题。近年来随着人工智能的持续升温，聊天机器人（ChatBot）逐步成为了学术界和产业界都非常关注的热点领域。而客服天然是聊天密集型场景，智能客服则是Chatbot的典型应用。为了彻底解决人力的可伸缩性问题，以及最大化提升客服的效率，我们用智能对整个阿里的服务流程进行了重新定义。

5.4.1 重构阿里客服流程

在2014年的双11当天，交易不断冲上历史新高，用户的问题也蜂拥而至，当热线全天被无数电话打爆时，杭州的西溪园区及南京的一线服务团队几乎手足无措，而作为技术团队的我们几乎无能为力。双11一周之后，全球最大的交易平台慢慢开始回归平静，很多为了双11加班几个月的团队已经开始安排休假。这时，由于双11当天产生的海量订单，由于卖家发货不及时或者用户对物品不够满意而产生的交易纠纷又如潮水一般涌来，客服团队的第二个双11高峰开始了。而这波高峰由于人力处理不够，导致大量问题积压，交易纠纷的完结时长一度达到2周，大量的客户在焦急地等待着我们的小二处理他们申请介入的交易纠纷，然后不断地拨打电话来催促。

在2014年淘宝、天猫移动成交占比首次超过50%的时候，我们的用户仍然主要通过已经发明了130多年的通信工具来求助。当时，在线客服只在PC端有，而且机器人服务只承担了极小的一部分服务量。

仅仅给客服提供更有效的工作台和工具已经满足不了电商客服发展的需要，也无法满足客户对我们的期望，"智能化"是一条必须要走的道路。

我们希望给用户温暖的关怀，像个小助手一样既可以解决用户的问题，也可以主动帮用户预见风险，每个人都想有一个贴心的小秘书，这个小秘书像小蜜蜂一样勤勤恳恳，还能带来欢乐，于是我们给智能客服产品取了个好听的名字——"阿里小蜜"。我们期待科技可以给人类的生活不断带来变化，希望未来每个人都可以有个自己的"小秘书"。

传统的服务行业是一个人力密集型行业，在双11狂欢节，无论是阿里直接对外的服务，还是淘宝商家的服务，都面临着当天服务量的巨大井喷，人力扩容成为每年阿里及商家面对的巨大挑战。传统人力密集型服务模式（以自营客服、外包客服和云客服为主的服务模式）亟待被颠覆和改变，以基于人工智能技术的阿里小蜜产品为核心，通过智能人机交互与人工服务相结合的模式才是未来真正的服务模式。

我们让机器通过智能化技术处理绝大部分简单、重复的可识别处理的问题，将机器解决不了的问题流向人工，让人提供更有温度也更加专业的服务。

当用户在淘宝、天猫产生问题咨询时，会先进入"阿里小蜜"，与小蜜（聊天机器人）就问题展开对话，例如"退款退不了""红包找不到了"等，如果解决不了，可以一键进入人工客服咨询，人工客服在工作台也会应用一套叫"蜂槽"[1]的智能辅助系统，结合用户的行为和上下文对话辅助客服小二回答用户的问题。当遇到一些复杂的售后问题时，如交易纠纷处理，又会由智能交易纠纷判决系统"瓦力"[2]帮助小二进行处理。至此，阿里服务所有的关键链路都已经加入了智能化模块，每一次服务都会先进行智能化处理，既缩短了服务的响应时间，也帮助客服小二将所有繁杂的事物处理尽可能简化，如图5-13所示。

1
蜂槽：是阿里客服工作的智能在线辅助系统，集合用户的实时行为、聊天上下文、FAQ、知识图谱、SOP对客服回复用户的话语进行实时智能推荐，以提升客服的响应时长和问题解决率。

2
瓦力：是淘宝智能纠纷判决系统，通过学习海量的历史判决案例，训练算法模型对每一次交易纠纷判决进行智能预测，目前准确率已经超过人工，"瓦力"的运用，使得纠纷判决的处理效率明显提升。

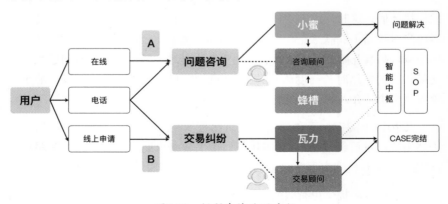

图5-13　问题咨询处理流程

这其中，承载最大服务量、发挥最重要作用的就是阿里小蜜。

阿里的智能客服技术发展是从2009年开始的，但是直到2016年才全面爆发，中间走过了一条漫长的道路。

5.4.2　阿里智能客服的技术演进

2009年阿里首款智能问答机器人在淘宝上线，名为"淘宝机器人"，面向淘宝消费者解决用户在服务领域的中文咨询问题，并且从中文扩展成为中文、英文和中文繁体。

2012年，阿里的核心支付业务支付宝发展壮大，面向支付领域服务的机器人"智能小宝"也随之上线。直到2013年，智能客服机器人在集团内的核心业务逐步得到全面发展与应用。

这个时期的技术发展围绕着基于规则模型（Rule-Based）和检索模型（Retrivel Model）为基础的体系进行构建，主要以单轮交互为主，核心技术体系离线Term-weight、分类模型构建及基于检索召回数据的Rerank排序特征的计算方法不断提升与优化，同时开始支持多语言。

2013—2014年，阿里智能人机交互系统按照多领域策略进行领域细分，智能客服、智能助理等领域逐渐细分，覆盖领域除了智能客服，逐渐往智能助理方向发展。

跟整个行业一样，智能客服技术的发展在这两年有些停滞，机器人服务由于体验不够好，在整个业务版图中仍然处于相对边缘的位置，这时淘宝在千牛平台也上线了基于NLP和检索技术的第一代商家机器人，帮助商家处理一些非常简单的问题。

到了2015年，意图识别领域与匹配领域分离，随着Google对Knowledge Graph的发展与影响，面向领域数据及知识图谱领域在阿里人机交互的探索逐渐开始，深度学习在学术领域逐渐发展，也开始对人机交互领域产生一些影响，在数据挖掘领域开始尝试使用深度学习的一些方法进行探索，多轮交互的技术方案也开始逐步发展。

2015年8月我们灰度上线了阿里首款智能助理产品——阿里小蜜，基于海量消费数据，结合真实场景需求，以智能+人工的模式提供智能导购、服务、助理的对话式体验，并于2016年3月开始承接全量消费者咨询，在技术上围绕着以知识图谱、本体知识及领域知识模型为基础的知识体系，以检索模型、深度学习模型为基础建立分策略多轮交互体系。同年，支付宝也推出了新一代智能客服。

2016年我们基于阿里小蜜沉淀了整套智能客服平台，以使公司的更多业务可以快速复用这个能力，如图5-14所示。

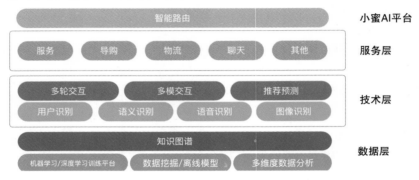

图5-14 整套智能客服平台

智能客服技术围绕着客服、助理、IoT等相关领域进行了平台化扩展及赋能输出，我们陆续推出了（如图5-15所示）：

- 通过千牛平台，面向商家的"店小蜜"；
- 通过钉钉企业平台，面向中小企业的"企业钉小蜜"。

图5-15 智能客服扩展

接下来的技术发展以智能技术平台化为基础，通过增强式学习构建从数据到模型的闭环体系，进入领域数据不断积累、价值挖掘与积累的阶段。

5.4.3 2016年双11智能客服首次走上主战场

在2016年，技术上厚积薄发的阿里小蜜终于走上双11主战场，人工智能服务正式登上了阿里技术的大舞台。

通过智能+人工相结合的模式探索，在2016年的双11期间，阿里小蜜的整体智能服务量达到643万，其中智能解决率达到95%，智能服务在整个服务量（总服务量=智能服务量+在线人工服务量+电话服务量）中的占比也达到96%，成为了双11期间服务的绝对主力。

2016年对于智能客服来说是一个特殊的年份，从这一年开始，智能将发挥更大的作用，人工服务将补位智能服务的不足，做机器人目前无法做到的更个性化、复杂、有温度的服务，服务也将回归服务本身。当然即使在未来，人工客服仍然有不可替代的作用，但是对人的技能和情商会有更高的要求。

海青[1]是阿里集团智能客服的见证人，也是他创建了淘宝第一代客服机器人，他非常感慨这几年双11智能人机交互在阿里的发展。他依然记得2012年的双11零点之后大量客户咨询涌入时的紧张感，2015年阿里小蜜的首秀，2016年双11阿里小蜜及店小蜜在集团业务与商家业务上帮助商家度过双11，以及阿里小蜜机器人对话次数达到1000万时所有同学的兴奋和发自内心的自豪！项目组部分成员彻夜未眠地盯着数据大屏，每一次波动都牵动着一颗颗激动的心。

阿里小蜜在2016年双11的24点之后，当天的对话轮次达到了创纪录的1800万，这个数字已经是2015年双11的9倍！

对于双11的纠纷处理，我们上线了内部代号为"瓦力"的智能化交易纠纷判决系统，在基于机器学习、图像识别等技术的"瓦力"的辅助下，小二进行交易纠纷的处理效率也大幅提升。

双11阿里小蜜成功支撑了包括天猫、淘宝、航旅、菜鸟等在内的阿里集团十多个核心业务的在线客服，人工客服像往年那样手忙脚乱的局面再也没有出现。2016年双11将过去简单的商家机器人升级为具备AI能力的"店小蜜"，尝试将智能客服技术开放给十几家天猫大商家。赋能生态，让天下没有难做的服务，这才是我们接下来真正要走的路。

1

海青：阿里小蜜算法技术负责人，NLP高级技术专家，阿里客服机器人领域最资深的技术带头人。

5.4.4 智能客服赋能电商生态

随着阿里小蜜、蜂槽等智能产品的研发，阿里的客服成本开始得到了有效控制，通过大量人工智能技术的深度运用，体验与成本的平衡变得更容易掌控。

我们也一直在想，我们要为生态做出什么贡献？今天商家仍然需要在客服上投入很大的成本，并且在管理上也遇到了很大的困难，我们每帮助商家和中小企业在客服上节省1万元，就可以让他们的利润多1万元！

2016年，我们在5月把阿里小蜜的团队拉出一部分来，启动了"店小蜜"项目；在8月V0.1 Alpha版本上线接入了第一个商家；在10月项目组赶在封网之前加班加点，与千牛等技术团队一起经过一系列紧张的全链路压测，发布了0.4版本。0.4版为双11的最终版本。

店小蜜改变了商家客服的工作方式，同时为了让商家更好地使用智能产品，我们创造性地引入了"人工智能训练师"[1]的角色，相信这个角色在未来对于产业都会有重要影响，如图5-16所示。

1
人工智能训练师：一个处在算法工程师和业务运营人员之间的新岗位，其通过熟练运用定制化的算法优化工具，学习领域知识，结合每个特定行业和垂直领域的场景进行定向的样本、模型优化，以达到在没有算法工程师参与的情况下显著提升客服的问题解决率。

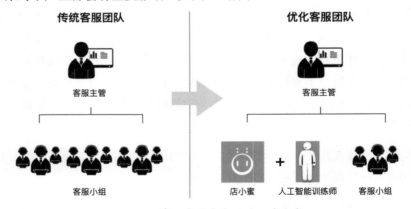

图5-16 店小蜜改变客服的工作方式

双11当天，店小蜜项目室里，PM海青带领的十几名算法工程师和业务人员挤在一个20平方米的项目室中。当天对解决率的关注度精确到了0.01%，每有一次0.01%的波动，店小蜜的产品经理都会尖叫一声，整个项目组也会呼喊与关注。

项目组积极通过数据分析及驱动方式在双11帮助商家更好地服务客户，而实时的解决率就是反映效果的直接指标，解决率每提升一点，就意味着帮助商家又减少了一部分人工压力。

经过小蜜、店小蜜、行业小蜜、企业小蜜的发展和沉淀，我们最终形成了一套智能客服的基础设施：以BeeBot为核心的OpenAI平台体系和由多个智能产品组成的人工辅助AI套件（BeeMan AI Suite），如图5-17所示。有了这些基础设施，任何一家企业想通过AI智能客服技术降低成本并提升客户体验，将变得更加简单，2017年我们将会把这套体系开放出来。

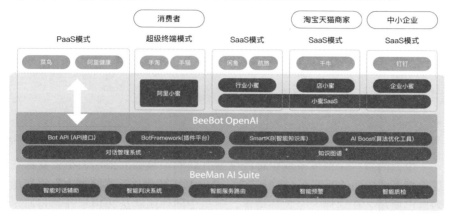

图5-17 智能客服基础设施

在店小蜜中，我们使用很多创新技术，构建了基于本体、自定义IR检索模型及通用模型的三层算法模型和行业知识图谱、多层意图识别和上下文管理模块，孵化了AI Boost+人工智能训练师的典型工作模式，智能解决率从上线第一个版本的30%提升到50%，在双11达到了60%，这意味着近一半的服务被机器人直接解决。店小蜜帮助小米、Nike等超大店铺顺利支撑双11的客服量，并节省了大量人力。我们相信在2017年、2018年将有几十万商家受益于这项技术而使客服成本大幅降低。

 总结

人工智能在客服中的应用才刚刚开始，随着移动互联网时代的来临，用户寻求服务的方式发生了新的转变，电话依然存在，但是会越来越少。在线服务不同于朋友之间的聊天，在手机上如果响应不及时，用户会非常烦躁，这时智能服务以秒级的响应速度迅速给出回应，同时智能机器人客服可以完成人工客服很难完成的事，可以与用户做很多的交互式游戏和互动，这都是机器人客服相比人工客服的增量，这种增量在未来会转变成商业价值。

服务是商业构成的必备要素，每个重视客户且希望提升客户体验的企业都会重视服务，过高的客服成本也会让企业的发展受阻，基于AI的智能服务将在未来商业中扮演重要的角色。

希望在未来，技术可以让天下没有难做的服务！

▼执笔人
古谦：阿里巴巴中间件技术部架构师。

5.5 阿里中间件，让传统企业插上互联网的翅膀

今天的传统企业或多或少都经受着互联网浪潮的冲击，大小企业都在进行着不同层面的互联网+转型，这些企业都需要将"互联网技术"很好地为自己所用。在这样一个大环境下，阿里中间件团队从2014年开始将原本仅用于阿里内部业务的平台打造成了阿里云上的互联网中间件产品，希望通过将这些能力输出，让中国乃至世界上更多的企业或者个人都能享受到互联网高速发展所带来的技术红利，为中国的这一轮互联网转型贡献阿里的一份力量。

5.5.1 多年"双11"沉淀出业界顶尖的互联网技术

天猫双11活动不仅将淘宝和天猫的品牌推到了新的高度，也使阿里中间件在多年来对双11活动的技术支持中，逐渐成长为通过分布式架构和技术支撑高并发访问、海量数据读写领域的技术领先者。

面对如双11这样的大促场景，峰值期间（特别是12点之后的半分钟）所产生的访问洪流给淘宝的技术平台带来了前所未有的挑战，早期淘宝的技术架构也都是采用传统的IOE架构和技术，随着业务量呈现几何倍数增长，平台所出现的系统处理瓶颈、飞速上涨的成本等问题在双11开展后凸显。面对这些问题，在当时现有的技术产品和架构不能满足业务发展要求的情况下，淘宝技术团队走向了一条自主创新研发之路，针对"双11"这样的大促场景从2009年开始进行了一系列产品的研发。

从2011年开始，阿里技术团队本着共同推进互联网技术发展的宗旨，相继将在淘宝内部沉淀研发的多款中间件产品进行了对外开源，其中包含分布式服务框架Dubbo、分布式数据库中间件Cobar、分布式队列模型的消息中间件RocketMQ、分布式缓存Tair等一系列分布式架构中所必需的核心产品。这些开源产品在阿里技术团队的引领下，逐渐成为业界对应技术领域的技术标杆性产品。发展到后期，又产生了基于这些开源产品而衍生出的新开源产品，比如基于Dubbo开源项目扩展开发出的DubboX、在Cobar的基础上演变而来的分布式数据库中间件Mycat。发展到今天，这些开源产品已经成为互联网技术人员耳熟能详的分布式平台，中国绝大多数互联网平台都是基于这些开源产品构建而成的。

可以发现，在国内主流的分布式技术体系中所出现的一系列技术创新和新平台，都或多或少有当初阿里这些开源产品设计思路的影子，所以从某种程度上来说，阿里中间件团队所主导研发的这些开源中间件产品称得上是中国互联网技术创新的鼻祖，为中国互联网技术在过去8年的高速、爆发式增长提供了强大的原动力。

每年双11销售金额的增长，在某种程度上持续推动着中间件技术的不断演变和创新。比如今天支撑天猫双11一天超过几千亿次服务调用的HSF（High Speed Framework），则是对应的开源产品Dubbo经过4年发展后的产品，在服务的交互性和稳定性方面都有了长足的进步。同时针对分布式服务体系下所衍生出的服务管控问题，阿里中间件团队历时两年半开发出了鹰眼EagleEye，提供了针对分布式应用架构所需的服务链路、服务分析、实时业务指标监控和报警等功能，很好地填补了开源产品Dubbo服务管控缺失的不足。除了分布式服务框架、分布式数据库、消息服务、缓存等支撑双11核心交易业务所需的中间件平台，也发展出了全链路压测、限流降级、流量调度等，以及在淘宝平台面对访问洪流的冲击、机房断电、网络异常、应用出错等复杂异常时，都能稳定运行的稳定性平台，这些技术的理念和实践也已经被国内各大互联网公司参考和借鉴。

到了2014年，随着国家层面倡导"互联网+"转型，越来越多的传统企业客户加入互联网转型的浪潮中，阿里中间件团队意识到过去十几年伴随业务发展所沉淀的这些技术平台有了更为广阔的发展空间。从2014年开始，中间件团队领头人小邪提出了中间件上云的计划，开始着手将十几年来沉淀的平台和能力进行整合，以阿里云标准云服务产品的方式将原本阿里内部才能享有的互联网技术架构输出给外部的客户。最初考虑到企业客户构建面向互联网的平台时，首先面临的就是如何保证设计出的平台具备真正意义上的线性扩展能力，也就是不管业务如何增加和变化，平台都能快速地应对业务的访问，而这正是阿里中间件团队最擅长的技术领域。

基于这样的考虑，首先以阿里云产品推出市场的就是企业级分布式应用服务、分布式数据库、消息服务者三大产品。任何一个企业只需要通过这三个核心产品就能构建出一个面对互联网各种业务场景均能灵活、快速支撑业务的平台。

截至2016年年底，阿里中间件团队已经完成了6款阿里云上的互联网中间件产品的研发并成功上线，并形成了飞天Aliware的阿里中间件品牌，成为了阿里云飞天体系中针对高并发量、海量数据在线交易类场景，提供分布式技术架构及平台稳定性能力的核心组成，如图5-18所示。

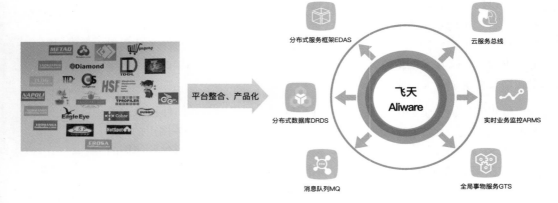

图5-18　阿里中间件十年技术沉淀成就飞天Aliware

已经成功上线的Aliware中间件产品有以下6款。

1
包括分布式服务化框架HSF、服务治理、运维管控、链路追踪EagleEye和稳定性组件等。

- 企业级分布式应用服务（Enterprise Distributed Application Service，EDAS），是企业级互联网架构解决方案的核心产品，整合了阿里巴巴中间件成熟的整套分布式计算框架[1]，以应用为中心，帮助企业级客户轻松构建并托管分布式应用服务体系。

- 分布式关系型数据库服务（Distributed Relational Database Service，DRDS），整合了淘宝内部使用的TDDL和Cobar分布式数据库中间件的能力和优势，给企业客户提供了稳定、可靠及容量、服务能力可弹性伸缩的分布式关系型数据库服务。

- 消息队列（Message Queue，MQ），是整合了阿里内部Notify、MetaQ和开源产品RocketMQ三大消息服务优点于一身的消息服务，是业界处理性能和可靠性领先的企业级消息中间件产品。为实现分布式计算场景中所有异步解耦，以及在双11大促场景下削峰填谷的功能，起到了至关重要的作用。

- 云服务总线（Cloud Service Bus，CSB），是基于高可用分布式集群技术构建的服务API开放平台，帮助企业打通内外新旧系统，实现跨技术平台、跨应用系统、跨企业组织的服务能力互通。

- 业务实时监控服务（Application Real-Time Monitoring Service，ARMS），是原本为阿里鹰眼调用链监控的底层数据收集和计算而打造的，当初主要解决的问题包括大规模分布式日志收集、拖曳式业务流程实时计算定制及便捷的结果输出获取等。

- 全局事务服务（Global Transaction Service，GTS），是阿里中间件团队历时两年多研发的一款面向分布式架构所提供的高性能、高可靠、接入简单的分布式事务中间件，用于解决分布式环境下的事务一致性问题。

阿里中间件团队一直秉承着通过开源方式推动技术创新发展的理念，在2015年11月，向Apache基金会捐赠开源项目JStorm[1]，如图5-19所示。

图5-19　阿里JStorm团队接受捐赠证书

2016年11月，阿里宣布将开源分布式消息中间件 RocketMQ[2]继JStorm之后作为Apache 孵化项目也捐赠给 Apache，成为全球继ActiveMQ、Kafka之后，分布式消息引擎家族中的新成员。此次捐赠，意味着以 MQ（消息队列）为代表的互联网中间件在新兴物联网中发挥着越来越大的作用，将有更多的开发者因此受益。

1 JStorm：是参考Storm的实时流式计算框架，在网络IO、线程模型、资源调度、可用性及稳定性上做了持续改进，可以看作Storm的Java增强版。

2 RocketMQ：其前身是阿里巴巴MataQ。2012年，阿里根据MetaQ抽象出了通用的消息引擎RocketMQ开开源，成为业界著名的一款高性能、高吞吐量的分布式消息中间件系统。系统在2016年双11承载了万亿级消息的流转，跨越了一个新的里程碑，同时RocketMQ进入Apache 孵化。

中间件的开源历程及Aliware品牌的发展演进如图5-20所示。

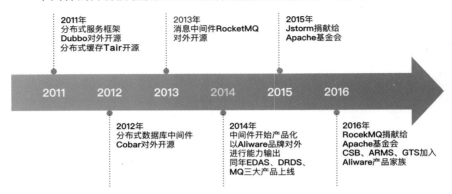

图5-20　中间件的开源历程及Aliware品牌的发展演进图

5.5.2　互联网技术帮助企业拓展业务边界

在2015年和2016年，这6款产品在阿里云陆续成功上线，吸引了大批客户使用，其中不乏行业内的龙头企业，这些企业一部分是利用飞天Aliware中间件产品进行互联网业务的转型，另一部分是利用飞天Aliware中间件在高并发量、海量数据读写场景下的技术特点解决之前业务中一直饱受困扰的业务响应慢或系统处理能力很难扩展的问题，从而沉淀出一套基于阿里云底层技术平台，围绕Aliware中间件构建的企业互联网业务核心框架，如图5-21所示。

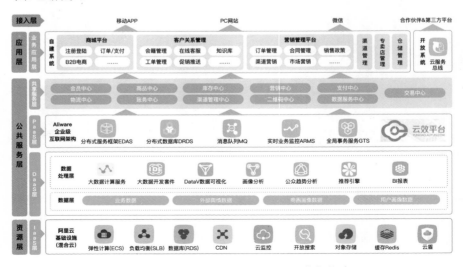

图5-21　飞天Aliware支撑企业互联网业务架构建设

目前使用飞天Aliware中间件的客户已经覆盖了政府、税务、人社、银行、保险、石油石化、零售快消、汽车制造、互联网平台等众多行业，为这些企业的互联网业务转型提供了业界最专业、最稳定、最可靠的企业级互联网架构。

下面以中国石化"易派客"平台建设为案例，说明飞天Aliware在中国石化开启互联网业务转型时代时所发挥的作用。

1. 90天再造一个1688 企业级互联网架构的优势尽显

2014年11月，时任阿里集团CTO的王坚博士受邀参加中国石化高层领导会议，给在座的各位领导和专家分享了云计算、大数据的精彩演讲。会后，各大业务部门均表达了基于云计算平台构建新的业务平台的强烈意愿，在这些物资采购业务部门中，以物装采购平台部门尤为积极。该部门在2015年元旦后开展了一系列与阿里云、共享业务事业部、1688团队的技术和业务交流，最终在2014年年底确定了基于阿里云技术平台构建物装工业品电商平台"易派客"，并提出了在4月1日上线平台的要求。这么短的时间，要从无到有构建一个电商平台，对项目组而言确实是一个巨大的挑战。

时间紧，任务重。从2015年1月开始，由中国石化派驻并抽调20多名业务专家、60多位技术人员，会同来自阿里巴巴的架构师古谦、长源等多名技术专家组建成了项目组。在整个项目实施过程中，不管是业务人员还是技术人员都为参与到企业第一个第三方电商云平台转型项目，近距离接触和感受互联网的技术和设计思路而兴奋不已。

在业务、技术架构层面上，依托阿里企业级互联网架构的设计理念，整个"易派客"电商平台由交易订单中心、用户中心、支付商品中心、搜索中心等几大共享服务中心组成，通过构建共享服务快捷地应对电商平台将来不断的业务需求变化。在技术架构层面上则采用了Aliware全套技术产品，其中主要的EDAS平台产品提供了核心的分布式服务框架，目前能支撑淘宝每天几千亿次服务交互的核心平台，并在业务逻辑层提供了足够的线性扩展能力。DRDS分布式数据库则给电商平台提供了线性扩展的数据库读写能力，可以轻松承载800亿次～1000亿次的数据库查询。

2. 云计算成为"互联网+"战略的标配

经过项目组90天的奋斗，中国石化"易派客"电商平台在2015年4月1日如期上线，易派客自2015年4月1日上线至2016年8月，累计交易金额已突破230多亿元，已有供应商3万多家，400余家单位在"易派客"工业品电商平台上开展采购业务，如图5-22所示。

图5-22 中国石化"易派客"工业电商平台

从后续企业系统建设的发展来看，"易派客"电商平台已经成为互联网转型的成功案例，随着CRM、物流等系统基于飞天Aliware平台不断建设，已经衍生出以14个共享服务中心为核心的业务基础架构。"易派客"团队一直秉承着每两周一更新的迭代频次，这样的业务需求迭代速度在大型企业应用中也是绝无仅有的。正是阿里互联网架构的力量与企业互联网应用相结合，让大型企业在短期内走上了"互联网+"新业态发展的快车道。

阿里云飞天Aliware产品在这个案例中帮助中国石化搭建了专业的互联网技术基础，使得中国石化在进行互联网业务转型的同时，成为真正"用好互联网技术"的企业。

5.5.3 总结

Gartner的2017年十大技术趋势中有一条：网格应用和服务体系架构（Mesh App and Service Architecture），强调服务体系架构的可拓展性、敏捷性和技术的再次利用。阿里云飞天Aliware的发展验证了这个趋势。

今天阿里云飞天Aliware的6个产品还只是阿里中间件团队对外能力输出的很小一部分，接下来还会有越来越多的中间件平台经过产品化后加入飞天Aliware体系中，飞天Aliware将会给中国越来越多的企业提供源源不断的技术能力和创新的输出。

这条路还刚刚起步，阿里巴巴中间件团队有志于在接下来的10到15年内在中国互联网转型中贡献出自己作为中国互联网技术中坚的力量，让好的互联网技术成为普惠的技术红利，让社会上的每个企业都能拥有这样的技术，让他们只需关心业务如何转型、如何更好地进行业务创新、如何更高效地解决社会上的各种问题，而不用为底层的技术平台花费太多的精力和成本，真正让技术拓展业务边界。

5.6 蚂蚁金服，金融机构间协同运维的探索和实践

▼执笔人

郭淮：蚂蚁金服金融核心平台部资深经理，金融网络技术部负责人。

2016年，从7月到11月，蚂蚁金服与银行机构合作，进行了超过720次的生产环境自动化仿真压力测试，参与压测的银行机构覆盖国有银行、大型股份制银行、农信银清算中心和城商行等，支付宝和银行双方系统在压测过程中不断迭代优化，处理能力和稳定性显著提升，同时，双方技术团队结合在压测过程中收集到的运行数据，共同制定了运行策略。这些策略通过智能运营平台在运行期自动决策，实现秒级智能调度，在双11的稳定运行中起到了关键作用。11月11日零点高峰时段，通过交易智能流控调度，实现了对海量用户申请的削峰填谷处理，在交易峰值创纪录的同时，成功率整体较2015年提升5%，银行卡相关客户的求助率较去2015年下降71%，银行卡支付处理能力和稳定性都达到了历史新高，让用户享受到了高速顺畅的支付体验。

5.6.1 业务特点与技术挑战

以快捷支付为代表的银行卡交易在过去几年中飞速发展，双11大促的峰值以每年接近翻倍的速度增长，不断考验着系统的处理能力，带来新的技术挑战，主要体现在以下几点。

- **交易链路长**：用户从天猫或商家发起一笔交易，到确认使用银行卡作为支付工具，再由支付宝通过电信网络发往银行，并由银行系统处理完成后原路返回到天猫或商家页面，整个处理过程涉及众多组织和团队、大量的应用系统及基础电信网络，交易链路非常长，需要各方紧密合作，高效协同。

- **时效要求高**：支付结果是购物是否成功的关键判断条件，交易的时效要求非常高，需要以实时的标准返回结果。同时，支付过程也是对用户资金的变动，用户的敏感度会更高，如果出现结果不一致的意外情况，会立刻导致用户咨询和投诉，这时会非常考验技术人员的应急处理能力，处理的速度将决定实际影响面。

- **高并发大体量**：大促高峰时，并发将达到万级TPS，这是对整条交易链路的要求，包括支付宝和银行侧，按照2016年大促的预估目标，多家大型银行的峰值处理能力需要达到1万TPS，日交易量达到1亿笔，这对双方系统在高并发压力时保持稳定运行提出了很高的要求。

面对挑战，蚂蚁金服与合作银行通过5年来的实践与探索，共同建设了一套高度自动化的协同运维体系，双方在交易流量管控、运行调度、协同保障等方面进行了流程机制和系统层面的深入合作，保障了大促及平时的稳定运行。

5.6.2 协同运维提升全链路处理能力

我们需要以全局的视角来定义交易链路，协同各银行机构的技术团队共同建设和维护，并形成一套闭环的机制，让各方合作更为紧密，建立长效的运行管理和优化提升机制，在此框架下运用各种技术创新，解决问题并提高效率，协同运维体系以高品质运行为核心，包括双方对接的系统和网络设施及双方团队的合作，主要包含三部分：端到端的基础建设、机构间交易的自动化运行管理、开放互通的优化机制。

1. 端到端的基础建设

（1）异地多活专线广域网（如图5-23所示）

蚂蚁金服内部系统通过分布式和LDC等技术，实现高并发处理和异地多活，内部系统处理能力和容灾能力达到大促和日常需要。银行侧系统通过内部升级改造，几年来支付相关的系统能力成倍提升，同时，银行运维基础设施两地三中心的布局保证了金融级的高可用和容灾能力。双方的系统交互通过电信网络连接，为保证安全和速度，以专线为主，因此，真正意义上的全链路需要包括双方系统及中间的连接网络，应用木桶原理，整体的处理能力由链路中最弱的一环决定。

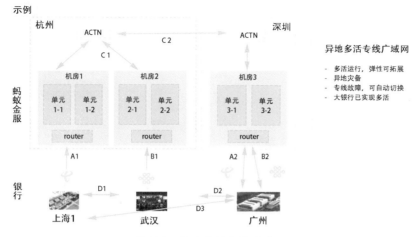

图5-23 异地多活专线广域网

基于上述分析，从2015年开始，蚂蚁金服与银行开始建设异常多活的专线广域网，以2～4条专线连接双方的系统，日常运行时由多根专线分担交易流量，对通信成功率等关键指标进行监控预警，当某根专线发生故障时，会将交易切至其他专线。以同样的原理，当双方的某一机房出现故障时，该机房的交易流量也通过内部网络分流至其他机房。另外，在电信运营商的选择上也采用双活策略，4根专线至少由两家运营商提供。通过以上策略，无论是单条专线故障、机房级故障，还是运营商故障，都不会导致交易中断，实现端到端的全链路异地多活。

进行专线广域网建设时，带宽以满足日常需求为准，预留一定的冗余空间。在双11等大促场景前，蚂蚁金服和银行提前向运营商申请专线临时扩容，满足高并发交易的需求，在促销季过后恢复到原有容量。这样不仅在成本上大大降低，而且一条100MB专线的成本其实远远高于两条50MB的专线，同时实现了专线容量的弹性可扩展能力。目前专线多活广域网已经覆盖国内所有的大型银行和城商行，覆盖98%以上的交易量，在基础设施上具备了高可用能力。

（2）能力检测平台（如图5-24所示）

双方系统及网络专线的基础设施升级完成后，需要经过真实环境的测试和演练。为了保证在大促的高峰时段运行稳定，提前消除各种性能隐患，蚂蚁金服与银行机构间的压力测试在生产环境中通过真实交易进行，最大程度地接近真实的交易场景和系统环境。

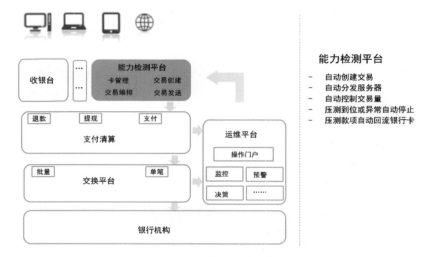

图5-24　能力检测平台

压力测试是一个不断迭代的过程，我们在2016年进行了超过720次的压力测试，覆盖所有大型银行和部分城商行，平均每晚需要进行5～6次压测，高峰时甚至达到10～20次。同时，为了不影响正常的用户交易，压测通常安排在凌晨2点～6点进行，时间窗口非常有限，必须用一种高效且低成本的方法来实现，否则这个任务无法完成。

因此，我们建设了一套机构能力检测平台，平台的定位相当于一个业务产品，可以在安全、可控的基础上仿真各种需要的场景。压测目标和各类参数在内部运维平台中进行配置，并由运营平台发起压测指令。能力检测平台收到指令后自动创建压测交易，进行一系列的流程编排，按照设定的压测目标，自动以真实业务的要求向下游系统及银行机构发起交易流量，同时，运维平台监控交易的运行情况并实时显示，当出现异常或达到目标时，自动停止压测。由于是真实交易，所以使用的是真实的卡和资金，为了控制资金成本，以及让压测参与账户的影响减至最小，每轮压测结束后，系统会自动发起指令，将资金回流到原账户中。经过近几年的建设，机构能力检测平台已具备了自动创建、自动分发、自动控制流量、自动停止和自动回流，让机构间的压测变得更简便。

2. 机构间交易的自动化运行管理

蚂蚁金服与全球超过500家金融机构实现对接，在海量交易的场景下，传统的人工盯盘操作[1]等已经无法满足要求，自动化和智能化成为了

1
人工盯盘操作：就是人工关注监控大盘，针对运行状况做出相应操作。

必然选择。

（1）整体设计（如图5-25所示）

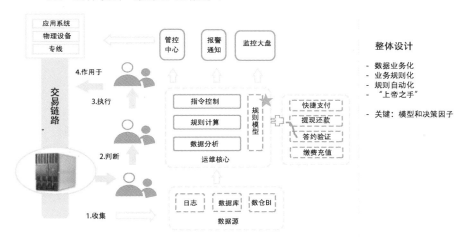

图5-25　整体设计

首先，我们看看没有自动化前，运行管理的几个关键步骤：

第一步，监控交易链路，观测并收集交易链路上的各类运行情况，包括各类指标数据、错误信息、运行日志等；

第二步，根据指标，按照操作指南和经验，进行判断；

第三步，当出现异常的触发条件时执行相关的预案，完成一系列操作；

最后，操作指令生效，作用于交易链路上，达到运行管理的效果。

其次，可以采用相同的原理，通过运维平台实现上述管控机制。通过分析业务逻辑，识别所需要的数据，将数据业务化，根据分解后的数据指标，对交易链路进行监控埋点，并将各类业务按照场景和预案制作成规则组件，通过插件的方式使用。运维平台主要由两大部分组成：数据采集和运维核心。数据采集子系统对接各类数据源，包括日志、数据库、BI数据仓库等，提取和生成有效数据。运维核心包括数据分析、算法建模、模型计算、指令控制四个模块，对收集到的数据进行分析、计算，按照规则插件生成相应的指令，由指令控制模块发送到相应的系统执行，指令包括报警通知和交易链路的决策操作。这些决策操作可以是流量调度，可以是专线网络分流，也可以是某个交易通道开关等。整体上，通过数据业务化、业务规则化、规则自动化实现一套全流程的自动化运行管理。

规则模型是自动化运维的核心，规则模型是可扩展的，根据业务场景的扩展不断丰富。规则模型中的决策因子是决定模型运转是否符合预期效果的关键，这些决策因子包括成功率指标、交易耗时等。决策因子来源于日常运行的分析，也来源于前面提到的线上仿真压测，尤其是压测，生产环境通过真实交易压测收集到的数据非常宝贵，会作为最终决策因子的主要参考。

（2）大促流控实例（如图5-26所示）

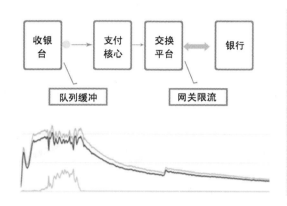

图5-26 以双11大促高峰期流量控制为场景，简述自动化运维的过程

首先，结合场景确定流控策略，在大促场景下用户体验优先，当出现交易申请高于容量上限，或者通信网络、银行系统出现异动时，采用支付宝侧拦截并引导用户使用其他支付工具的方式，可避免双方交易状态不一致带来更严重的影响。同时，高峰时段流量巨大，需要以秒级的速度进行流量调度，可是通过人工操作无法做到，因此，我们决定在可控的范围内对流控全程实现自动化，无须人工干预。

在策略明确后建立规则模型，以交易耗时等指标组合计算后作为决策因子，当达到预设条件时，降低并发以减轻对银行系统的压力，当指标恢复正常后，重新提升并发释放流量，提高支付成功率。流量需要以秒级速度进行管控，因此监控需要以秒为单位。反射弧[1]的长度需要控制在最短时间内，决策操作的频率与调整的幅度需要匹配，保持最大程度的平滑，以便最快地达到最佳状态。

流控模型的验证也是与银行机构压测过程中的重要一环，通常在全链路性能达到稳定后进行演练，在演练过程中不断优化算法，持续打磨使模型整体更健壮、可靠。在模型开发和压测的过程中，蚂蚁金服和银行技术

1
反射弧：从监控发现到决策完成的过程，我们称为反射弧。

团队组成一个个虚拟小组，一起交流分析各种运行数据和结果，互相了解对方系统的运行原理，全链路打通，并将银行技术团队反馈的许多建议应用到了支付宝大促系统设计和参数配置中，取得了很好的效果。

（3）效果

2013年以前，大促期间的银行流量管控及运维基本靠人工执行，每人盯着几家银行，双方通过电话沟通，大促时，作战室比菜市场还热闹，协作成本很高，效率亟待提高。我们从2013年开始采用自动化，自动化覆盖率逐年提升，除快捷支付业务外，提现、签约等主要交易场景也已经实现自动化覆盖。2016年双11大促全天，银行渠道相关业务的自动化率达到89%，其中，零点高峰时段自动化率超过96%，相当于交易管控已基本交给系统自动处理。

3. 开放互通的优化机制

运行品质提升是一个持续提升和优化的过程，目前，蚂蚁金服与银行运维团队对支付交易的分析优化已机制化，双方每月互通运行报告，对关键指标的状态进行分析，确定优化点及措施。双11大促等重要活动结束后，双方会专门对运行情况进行现场讨论，交流分析结果和建议，作为下一步的升级需求。每年大促的结束，通常就是下一年大促准备的开始，形成了一个良性循环。

从2015年开始，蚂蚁金服与多家银行技术团队合作，升级了双方运维的合作体系，双方报警通知打通，按照预警级别和分类，当双方监控识别系统异动时，报警将同时通知双方技术团队的值班人员，大大避免了信息传递带来的时间消耗，缩短了应急响应的时间。同时，在多家银行的支持下，双方监控实现系统对接，即系统监控数据以接口形式互通，银行端能看到自己的用户在支付宝侧的申请情况，支付宝端也能看到银行侧系统的关键运行状况。双方对于运行的整体状况有了更全面、直观的了解，当异常发生时，也更快速地定位故障源，极大地提高了效率。

精耕细作、防微杜渐是大家的共识，在信息安全可控的基础上，双方技术团队最大程度地互通运行数据和信息，除上述专项的运行分析环节外，双方还建立了钉钉工作群，随时交流和沟通，将运行品质的提升变成日常的一部分，让持续优化形成机制和惯性，不断打磨全链路的系统和基础设施。

5.6.3 未来展望

蚂蚁金服与金融机构间的协同运维体系日趋成熟，随着合作的深入，协同运维从1.0（人工+自动化）开始向2.0（开放+智能）升级，合作的双方将通过技术手段实现信息共享，各类运维操作也将更智能、高效（如图5-27所示）。机构间的协同运维是一个新的探索，在未来金融科技的生态中，互联、互通是必然的，未来会有更多的服务需要多方合作提供给用户，机构间的协同能力将决定最终的服务品质，各方良好的协同也将形成共赢的局面。未来，已来！

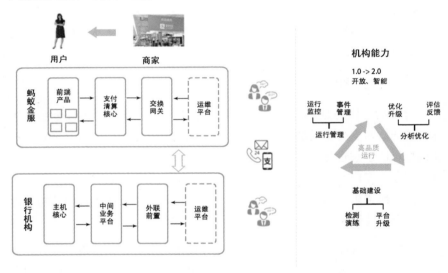

图5-27　开放+智能

展望

▼ 执笔人

霜波：天猫技术质量部总监，连续五年双11测试负责人。

2016年天猫双11狂欢节当天，来自全球的消费者一共创造了1207亿元的成交额，在这个过程中整体系统运行平稳，用户购物、支付体验流畅，物流包裹也已经及时地送到消费者手中，这背后的支撑者是阿里领先的交易、支付、物流系统，以及后面强大的计算平台、海量数据、智能算法和一系列的稳定性方案。

在双11零点开始的半个小时里，超过6千万的用户使用手机来同时参与了这次活动，在这超出想象的流量洪峰中，所有系统平稳运行，创造了17.5万笔/秒的交易峰值、12万笔/秒的支付峰值新纪录。而2009年的第一次双11，交易峰值仅为400笔/秒，支付峰值仅为200笔/秒，八年增长数百倍。今日的结果，见证着这八年双11中阿里的重要技术的发展历史。

我们的技术架构一步一步不断地扩大和优化，从最初的业务解耦到分布式，从开始的单机房部署到现在的多城多单元，我们的系统架构逐步承接更多的流量和更大的挑战。无线和支付的架构也借由双11的流量发展年年扩展。

我们的稳定性从刚开始的慌乱到现在的从容，从原始的线下单机单应用压测，到线上缩容压测，再到最后的线上全链路压测。数据确定性从刚开始的手工执行到现在的大数据模拟下单并及时监控，各个应用的自我保护和自我恢复技能每年都在增强，我们用技术的方式保障着用户最好的体验。

为了双11的价格的确定性，我们建立了成熟的招商报名和价格管控体系，会场页面的展现从最早的固定页面到现在的赛马和个性化，数据在导购上越来越大规模的应用，为了让独一无二的你遇见最爱的商品，我们发展了"千人千面"的大数据智能推荐系统。

八年前的我们可能预测不到，手机在今日已经成为互联网主要的交流工具，为了适应移动化的趋势，我们在整个技术架构和移动端技术创新框架上都在不断突破，互动的玩法也是日新月异。今年的双11，AR和VR的表现已经让很多用户惊艳，未来的互动一定会更加精彩。

双11也是整个互联网生态的双11，为了和商家一起迎接挑战，我们有了聚石塔和生意参谋；为了和银行一起备战，我们有了金融云；为了让双11之后的物流能够更加迅速和确定，我们有了物流云和电子面单；为了让我们对用户的服务更加及时和准确，我们有了阿里小蜜；为了回馈互联网社区，与行业共同进步，我们开源了阿里的中间件系统。

～～～～～～～～～～～～～～～～～～～～～～～～～～～～～～～～

昨日的辉煌已经过去，未来的挑战依然严峻，商业继续全面拥抱着互联网，我们的技术也随之而动，每年都在迎接新的变化和挑战。

技术架构全面云化已经成为双11技术的必经之路，只有这样才能用更低的成本提升用户体验，去迎接零点那突如其来的最大的高峰。

智能化是现在技术必走的方向，从个性化智能匹配满足用户需求，到智能计算商家确定性诉求，例如双11当天商品的备货量如何能最大效能化，供应链上游的资源如何配备才能最合理化，这些方面是大数据、人工智能技术能进一步影响和升级商业的方方面面。

未来的双11，我们想提供给用户的不仅仅是购物，我们希望那是更加快乐的双11，所以互动，娱乐都在升级中；我们希望那是全球的双11，所以要准备国际市场的挑战；我们希望更大的社会参与，就需要建设更全面的互联网商业基础设施，这些都需要技术在背后不断地提升才可能发生。

双11的流量规模，是新零售时代为技术准备的一次大考，逼迫我们完成面向新零售时代的技术升级，当全世界把人工智能当作下一个风口，为解决社会问题而生的阿里巴巴已经悄然布局，把计算作为新的技术生产力，把数据作为新能源，用无处不在的人工智能提升各行各业的效率，为全社会互联网时代的商业基础设施的建设打下坚定的技术基础。

希望不远的一天，双11成为全球的节日：孩子在月初便更新愿望清单，节日后的每天都能享受开启愿望的欢快，妻子等待惊喜的礼物，父母享受着儿女从异地寄回的心意。希望双11的这一天，所有人都能放松心情，和爱的人在一起，分享红包，观赏晚会，用精心的礼物赠予深爱的人。希望通过双11，中国绚烂顺滑的丝绸能让全世界人们感受惊艳，法国的香水能在天空散发香气，加拿大的枫叶能为世界增加色彩。于是，它成为一个仪式，每到这一天，人们都能面带微笑，忆起每年的那个时刻，让你惊喜不已的礼物，让你念念不忘的场面，让你永久深爱的人……

　　未来的技术，是让计算机彻底释放人类的重复劳动，人工智能无限发展的时代，当我们已经进入梦乡，还有无数的机器在忙碌的工作，帮我们实现着我们的梦想。历史的车轮正借由我们现在的努力，向着更好的方向驶去，这也是本书的目的，希望通过公开阿里技术的历史、方法和演进过程，能有更多人一起奋斗，向着更高效的技术发力，让新技术的目标早日实现，让幸福的未来来得更快一些。

索　引